KB067444

탑건

리더의 법칙

세계 최상위 파일럿의 10가지 리더십 트레이닝

탑건
리더의 법칙

가이 스노드그라스 지음 | 명선혜 옮김

현익출판

아내 사라[Sarah]에게. 군인 남편을 위한 당신의 희생과 헌신, 그리고 늘 너그러이 이해해 주는 그 고마운 마음 덕분에 오늘날 제가 꿈을 이룰 수 있게 되었습니다.

나의 세 자녀, 라이언[Ryan], 네이선[Nathan], 나탈리[Natalie]에게. 언제나 가슴 뛰는 일을 찾는 삶을 살길 바란다. 또한 가치 있는 것은 결코 쉽게 얻을 수 없음을 기억하길!

탑건 교관들에게. 하루가 다르게 변화하고 있는 요즘 시대에 최고 수준의 전문성을 철저히 고수하는 당신들의 변함없는 헌신이 탑건을 더욱 빛나게 합니다. "자신이 아닌, 조국을 위해[Non sibi sed patriae]!"

"국민 대다수는 밤낮으로 나라를 지키는 용감한 소수 정예 군인들의 노고를 잊은 채 대부분의 날들을 마음 편히 살아갑니다. 미 해군은 세계 곳곳에서 매우 위험한 일을 하고 있습니다. 지금 이 시간에도 어딘가에서 젊은 해군들이 목숨을 담보로 항공모함에 전투기를 착륙시키고 있는 덕분에 일반인들은 그러한 위험을 직접 겪을 일도, 생각할 필요도 없는 것이겠지요."

—**조지 윌**George Will

1970년대 공격 항공모함 USS 존 F. 케네디(USS John F. Kennedy, CVA-67)호의 비행갑판에서 미 해군 F-4 팬텀(Phantom) II 전투기 2대가 이륙 준비를 하고 있다.

프롤로그

"탑건에서 얻은 교훈은 탑건을 떠난 이후에도,
특히 삶의 가장 힘든 시기와 앞날이 불확실한 상황 속에서도
변함없이 내게 큰 도움이 되었다."

오늘날 세계에서 가장 유명한 정예 군사 기관 중 하나는 베트남 전쟁의 도가니 속에서 탄생했다. 이 전쟁에서 미국의 전투기 조종사들은 제2차 세계대전과 한국 전쟁에서 누려왔던 이점들이 더 이상 적용되지 않음을 빠르게 깨달았다. 베트남 전쟁 초기, 미 해군 소속 존 매케인John S. McCain 소령과 제임스 스톡데일James Stockdale 중령을 비롯하여 미군 전투기 수백 대가 미그 전투기, 지대공 미사일, 지상 포병의 공격으로 격추되었다. 운 좋게 살아남아 집으로 돌아간 이들도 있었지만, 수많은 군인이 목숨을 잃거나 포로로 잡혀 수용소에서 사망했다. 제2차 세계대전과 한국 전쟁에서 하늘을 누볐던 미 해군 조종사들의 전투 실력이 베트남 전쟁에서는 더 이상 통하지 않게 된 것이다.

무언가 잘못되었다. 그동안의 전투 이력을 생각하면 공중전 성과는 더 뛰어나야 했다. 제2차 세계대전에서 10 대 1의 살상률을 기록한 미 해군 조종사들이었다. 미군 전투기 1대당 10대의 적기를 격추한 것이다. 한국 전쟁에서도 비슷한 수준의 성공률을 보였다. 그러나 베트남 전쟁에서의 살상률은 2 대 1 이하로 격감했다.

미 해군이 새로 개발한 공대공 미사일과 최신 전투기인 F-4 팬텀에 우선순위를 두는 바람에 문제는 더욱 악화되었다. 1965년 6월부터 1968년 9월까지 미군 전투기는 적기를 향해 거의 600발의 미사일을 발사했지만, 목표물에 명중한 것은 겨우 60발 정도에 불과했다. 조종사들은 불충분한 전투 훈련, 반복되는 미사일 실패, 그리고 미 해군이 도그파이트dogfight(전투기의 근접 공중전)를 퇴물로 취급하며 팬텀 전투기에 기관총을 충분히 싣지 않은 것을 살상률 급감의 이유로 꼽았다.

존 매케인[1] 소령을 비롯해 수백 명의 전투기가 격추되었다. 얼마나 더 많은 희생을 지켜봐야 할 것인가? 이 비극적인 국면을 돌파하기 위해 미 해군은 당시 국방부 고위 장교였던 프랭크 올트Frank W. Ault 대령을 임명하여 베트남 공중전을 전면적으로 검토하고 개선 방안을 마련하라고 지시했다. 이를 위해 올트 대령과 해군 전문가들은 무력한 살상률을 회복시킬 최선의 방법을 찾아 5개월에 걸쳐 보고서를 검토했다. 1969년 1월, 올트 대령 팀은 480페이지에 달하는 공대공 미사일 시스템 능력 검토서, 일명 '올트 보고서'를 발표했다.

베트남에서의 공중전 패배 원인을 낱낱이 파헤친 올트 보고서는 미 해군 간부들이 고려해야 할 구체적인 해결책을 제시했다. 그중 한 가지 제안이 눈에 띄었다. 캘리포니아 샌디에이고의 미라마Miramar 해군 항공기지에 첨단 전투 무기 학교를 설립하여 근접 공중전에서의 승리 및 생존법을 전문적으로 훈련시켜야 한다는 제안이었다.

---

1 전 미국 공화당 상원 의원. 베트남 전쟁에서 포로로 붙잡힌 후 고문의 후유증으로 평생 한쪽 다리를 절게 되었다.

보통 정부와 큰 기관들은 빙하처럼 느리게 움직이지만, 이례적으로 불과 두 달 뒤인 1969년 3월 3일 미국 해군 전투기 무기 학교United States Navy Fighter Weapons School가 문을 열었다. 그 학교가 바로 대문자의 짧은 한 단어로 더 유명한 '탑건TOPGUN'이다.

초기에는 곧 쓰러질 것 같은 트레일러에서 운영되었으나 초대 교관들이 구걸하다시피 여기저기 발품을 판 덕분에 탑건은 빠르게 학교다운 모습을 갖춰 갔다. 자금과 장비가 부족한 탓에 교관들이 직접 몸으로 때우는 일도 비일비재했다. 다행스럽게도 결과를 얻는 데는 오랜 시간이 걸리지 않았다.

탑건에서의 첫 훈련을 마치고 약 1년 정도 지난 1970년 3월 28일, 미 해군 F-4 전투기 조종사 제롬 볼리어Jerome Beaulier 대위와 스티븐 바클리Stephen Barkley 중위가 북베트남군이 탄 미그-21기의 테일 파이프tailpipe에 미사일을 명중시켜 첫 승리를 거둔 것이다.

1972년 4월 북베트남군의 탱크와 포병대가 대담하게 비무장지대를 가로질러 남베트남으로 돌진하는 상황에서 미국은 라인배커Linebacker 작전을 통해 하노이 보급선을 파괴하는 것으로 대응했다. 이 작전에서 공군은 1.78 대 1의 살상률을 내는 데 그친 반면, 해군 제7함대 소속 조종사들은 26대의 항공기를 격추했고 단 2대의 손실만을 보았다.

탑건 전략은 효과적이었다.

베트남전에서의 활약은 단지 시작에 불과했다. 탑건의 역사는 1973년 미군의 베트남 철수 이후에도 계속되며 그 위상을 꾸준히 높여 갔다. 1970년대 중후반을 거치며 그 영향력이 단단히 다져졌고, 훈련생들과 교관들은 적군의 미그기를 공수하는 등 더 강력해진 적기에 대항하기 위한 훈련을 했다.

1986년 톰 크루즈가 주연을 맡은 영화 〈탑건〉이 등장하기 전까지만 해도 탑건은 미국의 일반 대중들에게 크게 주목받지 못했다. 비평가들은 영화 〈탑건〉에 대한 확신이 없었지만 대중은 환호했고, 비교적 최근에 개봉한 속편 역시 좋은 반응을 얻었다. 〈탑건〉은 1986년 최고의 수익을 올린 영화로, 6개월 내내 극장이 관객으로 가득 채워졌으며 이후 몇 년간 탑건의 신병 모집에도 긍정적인 영향을 끼쳤다. 이 영화를 본 전 세계의 수천만 명이 탑건의 팬이 되었다.

파이터타운Fightertown USA이라는 별명으로 불렸던 샌디에이고 미라마에서 시작된 탑건은 1996년에 레노Reno에서 동쪽으로 70마일 떨어진 네바다 사막에 위치한 해군 항공기지 팰런Fallon으로 본부를 이전했다. 냉전 시절에는 소련 항공기를 상대로 해상 교전에 적극적으로 대비했다면, 중동 테러와의 전투가 필요해진 후로는 사막 훈련이 필수로 자리 잡았다. 도그파이트와 공대지 전투는 여전히 탑건의 주요 임무이지만, 오늘날의 전투기 조종사들은 이라크와 아프가니스탄을 상대로 한 공대지 전투 기술에 더 중점을 둔다.

설립 50여 년이 지난 지금도 탑건은 세계 최고의 전투기 조종사 배출을 목표로 설계된 대학원 수준의 전문 과정을 엄선된 인원들에게 제공한다. 미 해군부 산하의 해군과 해병대의 인재 육성을 담당하고 있는 탑건 출신들은 좋은 선례로 영향력을 끼치는 교관급 간부층을 형성하고 있다.

이 끊임없는 훈련 과정을 성공적으로 마치려면 훈련생(대부분은 첫 임무를 수행한 지 얼마 안 된 20대 중반의 하급 장교)은 재능,

열정, 그리고 인성이라는 세 가지 핵심적인 특성을 갖춰야 한다. 이 세 특성 모두를 최상급으로 만드는 것은 매우 중요하다. 머지않아 상위 1퍼센트의 전투기 조종사로 성장할 탑건의 군인들은 12주간의 과정 동안 전쟁에서 싸우고 승리하는 데 필요한 지식과 기술, 그리고 공중 전술을 교육받는다. 한 반은 보통 15명 남짓으로 구성되며, 그중에서 두세 명만이 교관 제의를 받는다. 이들은 훨씬 까다롭고 높은 수준의 내부 기준을 엄격히 지켜야 한다.

전투기 훈련에서는 개별 비행을 강조하지만 그럼에도 불구하고 탑건은 리더십이라는 자질을 무엇보다도 중요시한다. 이 리더십 훈련은 탑건에서의 첫날부터 시작된다.

2006년에 탑건을 수료한 이후 이어진 3년간의 교관 생활은 경외감과 겸허한 마음을 갖게 하는 경험의 연속이었다. 월요일부터 토요일까지 탑건은 놀라울 정도의 역량과 재능을 갖춘 장병들로 북적였다. 그들은 자신의 잠재력을 최대한 발휘하기 위해 스스로의 한계치를 뛰어넘을 준비가 되어 있었다. 완벽함이란 달성 불가능한 목표라는 것을 우리 모두 잘 알고 있었지만, 다음과 같은 생각에 동의하지 않는 사람은 없었다.

'어제보다 더 나은 오늘을 만들자.'

'내일도 그렇게 한다.'

탑건을 향한 나의 여정은 같은 길을 걸었던 수많은 선배들의 길과 비슷했다. 그들처럼 나 역시 일찍부터 비행과 사랑에 빠졌다.

당시 내가 다니던 교회에는 미군 F-16 전투기의 민간 생산 업체인 제너럴 다이내믹스General Dynamics에 근무하는 장로님이 한 분 계셨다. 그분은 내가 항공기에 관심 있어 하는 것을 아시고는 전투기의 장엄한 모습이 담긴 포스터를 자주 갖다 주셨고, 나는 그 포스터들을 내 방 벽에 걸어 두곤 했다.

내가 소속된 보이 스카우트는 댈러스-포트워스 메트로플렉스Dallas-Fort Worth metroplex 북서쪽에 위치한 얼라이언스 공항Alliance Airport에서 에어쇼 기간에 맞추어 매년 기금 모금 행사를 열었다. 그곳에서 나는 미 공군 특수비행팀 선더버즈Thunderbirds와 해군 특수비행팀 블루엔젤스Blue Angels가 정확한 기동과 최

★ 당일 있을 비행 작전을 준비하기 위해 USS 엔터프라이즈(USS Enterprise)호의 비행갑판에서 캐터펄트 쪽으로 이동 중인 항공기.

고의 기술로 관중을 사로잡는 광경에 매혹되고 말았다. 에너지, 흥분, 그리고 전투기 소음 외에는 아무것도 느껴지지 않았다. 그렇게 나는 비행에 푹 빠져 버렸다.

하지만 비행 훈련을 받을 자격을 얻는 과정부터 쉽지 않았다. 평균보다 약간 높은 성적으로 고등학교를 졸업한 나는 그저 평범한 크로스컨트리 학교 대표 팀 선수였다. 내가 1순위로 지망한 해군 사관학교의 입장에서 보면 나는 딱히 특출난 지원자가 아니었다. 그러나 다행스럽게도 의회 선발 위원회(미국 사관학교에 입학하려면 일반적으로 하원 의원이나 상원 의원의 추천이 필요함)는 나의 리더십을 높이 샀다. 보이 스카우트의 가장 높은 단계인 이글 스카우트에 선발되어 스카우트 부대를 이끌었으며, 콜리빌Colleyville 시의회의 유일한 고등학생 자원봉사자로 활동했던 것이 도움이 되었다. 우리 도시에 최초의 재활용 프로그램을 도입하기도 했다. 당시 1990년대 초의 북부 텍사스 지역에서는 이례적인 일이었다. 모든 것이 잘 맞아떨어졌다.

1994년 나는 고등학교를 졸업하고 해군 사관학교에 입학

했다. 4년 후 사관학교를 졸업하고는 곧바로 조종사 훈련을 받는 해군 장교로 발탁되었다. 또한 훈련 전 석사 학위를 받을 수 있는 15명의 장교 중 한 명으로 선발되어 매사추세츠 공과 대학MIT에 지원해 합격했다. 나는 원자력 공학과 컴퓨터 과학으로 2개의 석사 학위를 받았다(미군에게 주어지는 놀라운 혜택이다).

2000년 MIT 졸업 후에는 해군 조종사 훈련을 받기 위해 플로리다의 펜사콜라Pensacola로 향했다. 그 후 2년 동안 오클라호마에서는 공군과 함께 비행 훈련을 받고 미시시피와 캘리포니아에서는 해군과 함께 고등 비행 훈련을 받는 등 다양한 초기 훈련을 통해 F/A-18 전투기 조종사를 향한 발걸음을 빠르게 내디뎠다. 나는 어느덧 반에서 1등으로 훈련을 수료해 해군 함대에 정식으로 투입될 준비를 하게 되었다.

나의 첫 임무는 2003년 이라크 자유 작전Operation Iraqi Freedom이었다. 버지니아에서 출발한 우리 중대는 페르시아만에 도착해 7개월간의 항공모함 생활을 시작했다. 미군의 이라크 팔루자Fallujah 탈환을 위해 나는 수십 건의 전투 임무는 물론 감시 임무, 야군 경호 및 적진 공격 등에 투입되었다. 중동 근무를 끝낸 후 우리는 버지니아로 돌아와 일상 훈련을 재개했다.

내 어린 시절 우상은 1947년 음속보다 더 빠른 속도로 비행한 최초의 미 공군 조종사 척 예거Chuck Yeager였다. 그의 발자취를 따르는 것도 고민해 봤지만 오늘날의 전투기 조종사들은 1960~1980년대의 조종사들처럼 급진적으로 한계를 뛰어넘을 일이 거의 없고 나만의 전술적 능력을 탐구해 보고 싶은 마음도 있었기에 탑건 교관에 지원했다. 현직 탑건 교관에 의해 직접 선발되는 교관 자리에 합격한 후 나는 새로운 모험을 위해 예정보다 몇 달 일찍 비행대를 떠났다.

첫 비행대를 8개월 일찍 떠난다는 것은 내가 동료들보다 비행시간이 적다는 것을 의미했지만, 나는 내 잠재력을 최대한 발휘하기 위해 필요한 시간과 노력을 기꺼이 투자할 준비가 되어 있었다. 나는 빠르게 배워 나갔다. 나의 스승들은 까다롭고 엄격하기로 유명한 탑건의 내부 기준을 철저히 유지하면서도 기꺼이 충분한 훈련 기회를 주었으며 멘토링도 아끼지 않았다. 궁극적으로 탑건에서의 시간은 나를 훨씬 더 나은 해군 장교, 전투기 조종사, 그리고 리더로 만들었다.

그 후 함대에 복귀해 비행대 사령관으로 복무하는 몇 년 동안 나는 탑건에서 깨달은 교훈을 적극적으로 적용했고, 이를 체계적으로 정리하여 다른 사람들에게 소개하기도 했다. 또한 일본 파견 시절의 비행대 대원들에게도 이 교훈을 전했으며, 고맙게도 그들은 나의 가르침을 마음에 새겼다. 덕분에 우리는 2017년 해군 비행대 중 1위로 전투효율상Battle Efficiency Award을 수상했다.

현역에서 물러난 후 제임스 매티스James Mattis 국방부 장관 밑에서 일할 때에도 마찬가지였다. 나는 이 교훈을 관련 기업과 단체에 꾸준히 공유했다. 탑건에서의 교훈은 군 복무 중은 물론 제대 이후에도 삶의 가장 어려운 시기와 미래가 불확실한 날들 속에서 큰 도움이 되었다. 나는 미국의 위대한 애국자들이 내게 가르쳐 준 그 교훈들을 이 책으로 엮었다. 그들의 지혜가 나의 여정을 변화시켰다. 이 교훈이 당신에게도 긍정적인 변화를 가져오길 바란다.

★ 2006년 수료 전 F-16N 가상 적기(Aggressor) 앞에서 탑건의 멤버들과 함께 하고 있는 저자의 모습(뒷줄, 왼쪽에서 두 번째).

CONTENTS

비행 전
유의 사항

"전문 팁: 음속 돌파 비행 시 기절하지 않도록 유의할 것"

지평선 너머 눈부실 정도로 밝은 햇살 아래 정비병들이 혼잡한 비행 대기선에서 순서를 기다리는 전투기 사이사이를 빠르게 오간다. 네바다 서부의 외딴 스틸워터Stillwater 산맥에서 볼 수 있는 이른 아침 광경이다. 유지 보수 담당 병사들은 동트기 전 기지에 도착하여 제트 엔진, 유압 시스템, 레이더 안전 점검을 수행하고, 100파운드의 훈련용 미사일을 적재하는 등 그날의 바쁜 비행 일정을 준비한다.

비행 대기선 아래쪽으로 내려가면 낮은 소음이 들려오기

시작한다. 비행 전 점검을 위해 제트 엔진에 시동을 걸면 엔진 돌아가는 소리가 나기 시작하다 어느새 귀청이 터질 정도로 큰 소리를 내며 빠르게 공회전한다. 몇 분 후 엔진이 꺼지면 소음도 사라지면서 사전 점검이 완료된다.

나는 다른 한 명의 에어크루(전투기 조종사나 무기 통제사를 일컫는 해군 용어)와 함께 비행 브리핑을 마치고 인접 건물에 있었다. 모든 전투기에는 당연히 최소 한 명의 조종사가 있어야 하겠지만 일부 전투기에는 좌석이 앞뒤로 하나씩 두 개가 배치된 경우도 있다. 이 경우, 조종사가 전방석에서 조종을 하고 무기 통제사는 후방석에서 레이더, 통신 및 기타 전자 장치를 조작하며 돕는 역할을 한다.

우리는 그날의 첫 비행을 준비하기 위해 동트기 전에 도착했다. 나는 배정된 브리핑실로 가서 대형 화이트보드에 죽을 각오로 임해야 하는 비행의 세부 사항을 적어 내려가며, 담당 교관에게 두 대의 '적기'를 상대로 하는 오늘의 근접 공중전에 대해 설명했다. 질의응답 후 격납고로 향하기 전 우리는 커피 한잔을 하러 갔다.

사실 고성능 전투기로 비행하는 것 자체가 쉬운 일이 아니다. 격납고 팀은 조종사에게 항공기 정비 일지를 읽은 후 사용 전 서명할 것을 요청한다. 자동차를 렌트하는 것과 비슷하다. 다만 차량 가격이 7천 8백만 달러에 달하며, 항공모함에서 이륙 후 2초 만에 시속 0에서 200마일까지 도달이 가능하다는 점이 다르다고 할까. 서명 전 조종사들은 탑재된 미사일의 종류와 해당 전투기가 가진 과거 10번의 비행 내역 중 발생했을 법한 문제점 등이 상세히 적혀 있는 여러 페이지의 정보를 자세히 살펴봐야 한다. 모든 것이 확인되지 않으면 서명할 수 없다.

전투기를 조종하려면 선바이저(직사광선을 막아 주는 차광판)가 장착된 비행 헬멧, 내중력복(비행복 위에 입는 특수 바지) 및 기타 비행 중에 착용해야 하는 생존 장비 등 고도로 특수화된 비행 장비가 필요하다. 현대식 도그파이트에서는 빠른 속도로 증가하는 중력에 대항하기 위해 내중력복 착용이 필수다. 공중전에서는 전투기가 지그재그로 흔들리면서 피가 머리에서 다리 쪽으로 몰리게 된다. 내중력복은 고가속도High-G 비행 감지 시 다리를 압박하여 피가 머리 쪽으로 역류하도록 자동으로 옷을 팽창시킴으로써 조종사의 기절을 방지한다.

나는 비행 장비 착용 후 헬멧을 들고 전투기가 줄지어 늘어서 있는 비행 대기선으로 향했다. 엔진에 시동을 걸고, 비행 전 점검표를 훑어본 후, 활주로로 가서 이륙하는 일만 남았다. 오늘 비행은 약 두 시간 정도가 소요될 예정이다. 비행 대기선에서 엔진 시동을 걸고 사전 점검을 하는 데만 약 45분이 걸린다. 이후 약 한 시간 동안 네바다 사막 상공에서 근접 공중전을 펼친다. 공중전 후 착륙을 하고 나면 이전의 단계를 역으로 수행한다. 비행 장비를 벗고, 전투기를 정비 팀에 반환하고 서명을 한 다음, 강의실로 돌아가 마무리 브리핑을 한다.

준비, 사전 보고, 비행, 마무리 보고 등 이 모든 과정을 완료하는 데는 7시간 이상이 소요되며, 교관은 보통 하루에 여러 건(종종 일주일에 6일)을 담당한다(훈련생은 집중 학습과 준비 시간을 고려하여 하루에 한 건만 담당한다). 탑건의 조종사들은 비행 기술과 관련하여 공부, 준비, 기술 연마 등에 수천 시간을 투자한다. 모의 비행 장치를 활용해 가상 전투 비행 훈련을 하는 것은 물론 실제 전투기를 몰기도 한다. 이 모든 것이 우수한 전투 실력을 위한 끊임없는 노력의 과정이다. 탑건의 조종사들은 최고 수준의 조종 실력을 갖추기 전까지 결코 연습을 멈추지 않는다. 전 세계에서 가장 훌륭한 조종사가 되기 위해 그들은 오늘도 묵묵히 그 길을 걷고 있다.

세계 최고를 향해서.

★ 2014년 태평양 순찰 중인 핵추진 항공모함 USS 조지 워싱턴(USS George Washington, CVN-73)호에 미 해군 F/A-18E 슈퍼 호넷(Super Hornet)기가 착륙하는 모습.

01

중요한 것은 재능, 열정, 인성이다

★

"도그파이트와 관련해 다음과 같은 유명한 말이 있다. '적군의 비행기를 시야에서 놓치는 순간 당신은 이미 졌다.'"

그날은 2005년 7월 25일이었다. 내 담당 승무원이 비행 대기선으로 달려가 내 전투기 F/A-18C 호넷기가 앞으로 구르지 못하도록 타이어 앞뒤로 노란색 고임목(짧은 밧줄로 연결된 12인치 나뭇조각 두 개)을 밀어 넣었다. 조종석에서 그를 지켜보던 나는 털썩 쓰러지듯 주저앉아버렸다. 쥐구멍이라도 찾고 싶은 순간이었다.

그렇다. 나는 방금 탑건에서 '러시 라이드rush ride'에 실패했다. 러시 라이드는 일종의 오디션이었다. 교관과의 모의 공중전을 펼치는 자리일 뿐 아니라 나의 탑건 교관 자격을 시험하는 자리였다.

이게 무슨 시간 낭비란 말인가. 머릿속에서 별생각이 다 들었다. 나는 몇 달 동안 도그파이트에 관한 자료란 자료는 다 모아 읽으며 나름대로 철저한 준비를 거쳤다. 해군과 해병대 전투기 조종사들에게는 경전이나 다름없는 탑건 설명서를 정독했으며, 어느 탑건 교관이 녹화한 공중전 기술 동영상을 몇 시간에 걸쳐 보고 또 보았다. 오늘의 모의 전투를 위해 버지니아비치의 우리 집에서부터 네바다주의 이곳 팰런까지 먼 길을 오는 것도 마다하지 않았다.

그날 아침 시작은 순탄했다. 지난 한 달 동안 열심히 브리핑을 준비한 덕분에 실전 역시 별문제 없이 잘 진행되고 있었다. 공중전이 시작되기 전까지만 해도 교관은 나의 브리핑에 만족해하는 것 같았고, 심지어 약간의 칭찬도 건넸다. 그는 긴 나무 막대 끝에 부착된 작은 모형 전투기를 이용하여 우리 비행의 가장 어려운 부분을 보다 효과적으로 가르치는 방법에 대한 몇 가지 조언을 해 주었다. 모형을 사용하면 비행 중 예상되는 위치 관계를 단순히 말로만 설명하는 데 그치지 않고 조종사에게 직접 전투기 조종법을 보여 줄 수 있다는 장점이 있다. 브리핑을 마치고 우리는 비행 대기선으로 향했다. 가슴이 뛰기 시작했다.

그날은 세 번의 모의 공중전이 예정되어 있었다. 하지만 두 번째 모의전이 끝날 때쯤 나는 완전히 낙담하고 말았다.

첫 번째 모의전은 참담했다. 적군 역할을 맡은 교관이 내 쪽으로 모의 미사일을 날리려고 빠르게 방향을 꺾어 포지션을 잡은 후 보기 좋게 나를 격추시켰다. 이때까지만 해도 그저 운이 안 좋은 탓이리라 생각했다. 나는 공중전 내내 그의 전투기를 주시했지만(항상 해야 하는 당연한 행동이지만) 내 전투기는 느리게만 느껴졌고, 공중전에서 우위를 차지하려는 교관의 공격적인 작전에 제대로 대응할 수 없을 것만 같았다.

두 번째 모의전도 첫 번째와 똑같이 끝났다. 고속도로를 나란히 달리는 두 대의 자동차처럼 우리는 서로의 시야에서 불과 1마일 정도의 거리를 두고 같은 방향을 향해 날아올랐다. 전투를 시작할 만큼 충분한 거리가 확보되자 나는 전투기 엔진 스로틀[2]의 작은 스위치를 켜서 무선 교신으로 그날의 모의 전투 호출부호(콜사인)를 외쳤다.

"쇼타임, 컷 어웨이Show time, Cut away."

부호가 끝나자마자 3차원의 춤사위가 시작되었다. 우리는 서로 30도 정도의 각을 유지했다. 이후 10초 동안 1.5, 2, 2.5마일… 계속해서 거리를 벌려 나갔다. 그의 전투기가 시야에서 멀어지면서 점점 작아 보이기 시작했다. 다음 호출부호를 외치려 무선 교신을 주고받을 때는 서로의 거리가 3마일 정도는 되었다. "쇼타임 원-원, 선회." 이는 내가 교관을 향해 전투기를 돌리고 있다는 것을 알리는 신호였다. 헬멧의 이어폰에서 그날 교관의 지정 호출부호인 "쇼타임 원-투, 선회… 시야 확보"를 외치는 소리가 들려왔다.

우리는 가장 역동적인 형태의 공중전이자 하이 에스펙트high-aspect 기본 전투 기동술인 전면전을 펼치기 위해 서로를 똑바로 겨누었다. 시속 530마일로 비행하던 두 전투기 사이의

---

2 throttle. 조종사가 동력 또는 역추진을 조절하는 장치.

거리가 어느새 빠르게 좁혀지고 있었다. 10초 후 드디어 '머지merge'의 순간이 다가왔다. 이는 2차선 도로에서 서로를 마주 보며 지나가는 자동차처럼 나와 적군의 비행기가 서로 반대 방향으로 질주하는 위치와 순간을 뜻한다.

나는 조종간을 왼쪽으로 세게 당겨 전투기를 옆으로 움직였다. 그다음 조종간을 다시 내 무릎 쪽 방향, 즉 중앙 쪽으로 당기기 전 잠시 멈추었다가 어려운 기술인 수평 선회를 시도하기 위해 하이-G 기동을 시작했다. G 기동을 일곱 차례나 시도하고 나니 몸이 다 아플 지경이었다. 10파운드 정도의 무게가 나가는 내 팔에 70파운드에 달하는 힘을 실어 조종간을 내 무릎 쪽으로 힘껏 당겼다. 이 정도의 힘을 쓰고 나니 고개를 돌려 주변을 살필 힘조차 남아 있지 않았다.

나와 태양 사이에 있던 교관의 전투기가 하늘 위로 날아가는 것을 보자 갑자기 긴장이 몰려왔다. 순식간에 그가 사라졌다. 덕분에 나는 태양과 바로 마주 보게 되어 시야를 확보할 수 없었다. 그의 전략이었다. '오, 세상에. 어디로 간 거지?' 나는 숨을 죽인 채 상황을 주시하다 결국 마이크 버튼을 눌러 '블라인드 선Blind Sun'을 외쳤다. 이는 내가 더 이상 상대를 볼 수 없음을 알리는 의무적인 안전 호출이었다. "알겠다. 계속하라."라는 대답만이 돌아왔다. 교관은 내심 기뻐하고 있었을 것이다. 그의 응답에서 그는 여전히 나를 볼 수 있음을 알 수 있었다. 내 약점을 잡은 그가 곧 나를 격추시키러 접근할 것이다.

햇빛을 정면으로 보자 눈에 눈물이 가득 고였다. 내가 할 수 있는 일은 눈을 깜박거려 눈물을 흘려 버리는 것뿐이었다. 몇 초 후(사실 공중전에서는 생사를 가르는 긴 시간이다) 나는 그를 다시 찾았다. 그는 내 뒤에서 3차원 전투를 벌이려고 전투기를 교묘하게 하향 방향으로 되돌렸다. 내가 수세에 몰렸음이 분명했다.

나는 그의 미사일 발사를 방해라도 해 보고자 엔진 출력 조절 레버에서 조명탄 발사 스위치를 누르며 교관 쪽으로 다가갔다. 그는 1마일 이내의 근접 거리를 감안하여 내 뒤에서 AIM-9 사이드와인더[3] 열추적 미사일을 쏘려 할 것이다. 하

---

3 미국이 개발한 대표적 단거리 공대공 미사일.

지만 그가 다른 선택을 할 수도 있지 않을까? 전투기 앞부분에 장착된 6총열 개틀링 기관포[4]를 사용할 수도 있다.

나는 온몸을 틀어 그를 놓치지 않으려 애를 썼다. 도그파이트에 관한 유명한 말이 있다. '시야 확보에 실패하면 그 싸움에서는 지게 된다.' 적기를 눈에서 놓치면 당연히 싸울 수 없다. 상황 파악도 하기 전 순식간에 적의 미사일이 날아와 내 전투기의 테일 파이프를 명중시킬 것이다.

나는 머리를 빨리 굴려야 했다. 여전히 내 뒤에 있는 교관이 당장이라도 미사일을 쏠 것만 같았다. 나는 그가 '플랫 시저스flat scissors'라 불리는 중립 기동을 하도록 유도해 보려고 했다. 이는 교관이 내 전투기의 완전한 뒷부분이 아닌 약간 왼쪽 또는 오른쪽에 위치한 상태를 말한다. 플랫 시저스 상황이 되면 교관이 자신의 속도를 잘못 판단하고 나를 지나쳐 갈 수 있기 때문에 나로서는 상황 역전을 노려볼 만한 유일한 기회였다.

---

4 연속 사격이 가능한 포.

하지만 그는 꿈쩍도 하지 않았다. 몇 초 후 헬멧 안에서 그의 목소리가 들려왔다. "폭스Fox -2…. 호넷을 우측에서 명중한다." 그가 가상 열추적 사이드와인더 미사일을 내 전투기로 날린다는 무선 호출이었다. 두 번째 모의전도 그렇게 끝이 났다.

처음 두 번보다는 시간을 좀 더 끈 덕분에 세 번째는 그나마 좀 나았다고 할 수 있으나, 어쨌거나 격추당한 것은 나였다. '머더보드[5]'를 세 번이나 연속해서 성공적으로 끝낸 나인데! 나는 고개를 저었다. 이보다 더 못할 수가 있단 말인가?

연료가 부족했던 우리는 그렇게 공중전을 끝내고 대형을 이뤄 탑건의 본거지인 네바다주 팰런의 해군 항공기지로 복귀하려고 남서쪽으로 방향을 틀었다. 돌아가는 길에 서로 간의 안전거리를 두고 전투 피해를 교대로 점검했다. 이때는 블루엔젤스나 선더버즈 특수비행팀이 에어쇼 공연을 할 때처럼 서로가 최대한 가까이 붙어 있었다. 우리는 패널과 부

5 Murder board. 혹독하리만치 매우 까다롭게 진행되는 심사 위원회.

품이 떨어지지 않고 잘 부착되어 있는지 서로의 전투기를 확인했다.

역동적이고 격한 G 기동을 마친 전투기는 멀쩡할 수가 없다. 나는 첫 임무부터 작은 크기의 불활성 훈련탄을 비롯해 비행 중 전투기에서 패널이 뜯기는 것을 목격하는 등 다양한 상황을 경험했다. 전투기 속도가 음속에 가깝거나 그 이상일 때는 많은 일이 일어날 수 있다.

수석 조종사로서 두 전투기가 착륙 지점으로 돌아오게 할 책임이 내게 있었기에 나는 정확한 착륙 방향으로 전투기를 조종했다. 곧 우리 비행장이 나타났다. 전투기가 동쪽에 있는 스틸워터 산맥 아래 계곡의 하얀 모래 위로 급강하하던 그때의 풍경은 정말이지 숨 막힐 정도로 아름다웠다. 우리는 비행장 관제탑의 주파수에 맞춰 무선을 바꿨다.

"팰런 타워Fallon Tower, 쇼타임 원-원. F-18 두 대 비행 중, 활주로 시야 확보." 관제탑 직원들이 쌍안경을 들고 우리를 찾는 동안 잠시 침묵이 흘렀다. 이내 그들은 다시 무선을 보냈다. "쇼타임 원-원, 팰런 타워, 항공기 확인. 3-1 좌측 활주로에 착륙 가능.”

착륙 허가를 받고 난 후 옆에 놓아둔 가방 안에 내 물건들을 재빨리 쓸어 담았다. 활주로에 닿은 후 브레이크를 밟는 동안 펜이나 다른 작은 물건들이 앞으로 쏠려 조종석 바닥에 떨어지게 하고 싶지 않았다. 전투기 조종석에는 공간이 거의 없어서 물건을 떨어뜨리거나 잃어버리면 찾는 데만 며칠이 걸릴 수 있다. 물건을 되찾기까지는 아무도 그 전투기를 조종할 수 없다. 또한 향후 비행 중 문제가 될 만한 물품이 이탈하여 스로틀이나 조종간을 방해하는 일도 없어야 한다.

드디어 바퀴가 활주로에 닿았고 우리는 20초 간격을 두고 착륙했다. 그리고 천천히 활주로를 벗어나 기장들이 고임목을 들고 기다리고 있는 지정 주기장으로 향했다.

좋은 성적을 내지 못한 나는 담당 교관을 만나는 것이 두려웠다. 나는 실패했다. 그는 전투기를 정비하고 비행 장치를 제거하는 동안 아무 말도 하지 않았다. 그의 침묵에 숨이 막혔다. 나는 오늘의 모의 전투에 대한 마무리 브리핑 준비를 위해 브리핑실로 돌아간다고 말했다. “그래야지, 버스Bus.

잠시 후에 보세." 그는 고개를 끄덕이며 내 호출부호인 '버스'로 나를 칭했다.

약 30분 후 그가 들어왔고 우리는 그날의 전투 비행에 관한 이야기를 나누었다. 나는 수석 조종사(그리고 훈련생)로서 브리핑을 진행할 책임이 있었다. 비록 성적은 좋지 않았지만 할 일은 해야 했다. 나는 수년간의 훈련을 토대로 냉정하고 체계적으로 오늘 비행의 모든 측면을 교관에게 설명했다. 사전 브리핑에서는 논할 수 없었던, 결과 개선을 위한 항목 몇 가지도 언급했다.

나는 세 번의 모의전을 머릿속에서 재구성해 보았다. 이후 전투기 안에서 녹화된 비디오를 보고 사실에 기반한 데이터와 나의 기억을 비교해 보았다. 사람의 기억이나 인식은 시간이 지남에 따라, 그리고 고속으로 비행하는 동안 바뀔 수 있으므로 사실과 비교하는 일은 항상 중요했다. 조종사들은 비행의 모든 측면을 다 기억할 수 없다. 그렇기 때문에 **기억과 현실을 대조해 보는 것은 매우 중요하다.**

브리핑을 마치면서 나는 향후 모의전의 주요 개선점을 화이트보드에 써 내려갔다. 아무것도 숨기지 말라는 훈련을 받았기에 나는 길고 긴 개선 목록을 작성했다. 말할 필요도 없이 나의 목록이 교관의 목록보다 꽤 길었다.

이제 교관이 내가 놓쳤던 것들을 알려 줄 차례였다. 더욱 긴장되는 것은 그가 다음 전투를 위해 필요한 개선 방법을 설명할 것이라는 점이었다. 그렇게 형편없는 성적을 낸 나는 최악의 상황에 대비하면서 스스로를 안정시켰다.

화이트보드 앞에 선 그는 돌아서기 전 내가 작성한 것을 보았다. 그가 말했다. "나는 자네가 전반적으로 아주 잘했다고 생각하네. 잘했어."

'네에? 저는 3세트를 전부 졌는걸요. 교관님께서 매번 저를 격추시켰습니다. 그런데도 왜 제가 잘했다는 거죠?'

그는 잠시 멈추었다가 말을 이었다. "물론 아직은 배울 것이 많긴 하지. 하지만 지금까지 모의 공중전에서 교관을 이긴 훈련생은 없다네. 나만 해도 조종사로서의 능력을 최대치로 끌어올리기 위해 수년간 추가 훈련을 하고 수백 시간을 투자했지! 자네의 브리핑은 잘 들었네. 탄탄한 비행 지도력을 갖췄고, 비행도 전반적으로 훌륭했어. 나머지는 시간이 지나면서 배워 가면 되고. 오늘 아주 잘했어! 나는 자네가 탑건 교관이 될 자격을 충분히 갖췄다고 생각하네!"

믿을 수가 없었다. "그저 영광입니다." 나는 더듬거리며 겨우 대답했다. "그런데 교관님, 이유를 여쭤봐도 될까요? 저보다 훨씬 더 잘한 후보생들이 많을 텐데요." 그리고 그의 대답은 그날 이후 한 번도 나의 머릿속을 떠난 적이 없다.

"왜냐하면 우리가 순전히 능력만 보는 것이 아니기 때문이지. 탑건에서는 재능, 열정, 인성 이 세 가지를 기준으로 교관 자격을 평가한다네. 재능, 당연히 필요하지. 자네는 그 재능을 갖췄네. 물론 우리와 함께 앞으로 더 발전해 나가야 하겠지. 그다음으로 재능 못지않게 중요한 것이 열정과 인성일세. 그동안 자네가 준비한 것은 평균 이상이었어! 진심으로 최선을 다한 것이 느껴졌어. 또한 공중전에서 그렇게 패배했음에도 불구하고 브리핑에서는 숨기지 않고 있는 그대로를 전달했지. 속이거나 변명하려 하지 않고 말이야. 전 세계에서 가장 재능 있는 전투기 조종사가 된다고 한들 전술에 열정적이지 않고 대인관계도 안 좋다면, 음, 그 누구도 결코 교관으로서 존경받지 못할 걸세. **반드시 기억하게. 그 누구도 매번 승리하지는 못해. 승리보다 중요한 것은 바로 신뢰를 얻는 거야.**"

그는 방을 나가기 전 나와 악수를 나눴다. 공식 통보까지는 한 달이 더 남았지만, 그날의 소식은 내게 기쁨을 안겨 주었다. 드디어 내가 탑건 교관이 된다니!

인생에서 종종 우리는 '나 자신'보다 '내가 원하는 것'에 더 몰두하곤 한다. 하지만 내 담당 교관은 나를 항상 올바른 길로 이끌어 주었다. 항공모함에서 펜타곤에 이르기까지 탑건과 관련된 모든 임무에서 교관은 내가 성공하든 실패하든 신경 쓰지 않았다. 다만 어제보다 오늘을 더 나은 하루로 만들고자 노력하는 이들, 스스로 최대한의 잠재력을 발휘하고자 하는 이들, 그럼으로써 충분한 존중과 존경을 받을 만한 이들의 곁에서 도움이 되어 주었을 뿐이다.

인생이라는 게임에서는 매일 수백만 개의 장애물이 우리를 낙오시키기 위해 도사리고 있다. 특히 오늘날 '언제나 켜져 있는' 소셜 미디어 환경에서는 더욱 그렇다. 당신이 누구인지, 당신이 무엇을 지지하는지, 그리고 당신이 무엇을 신경 쓰는지는 정작 놓치기 쉽다. 소음을 줄이고 정말로 중요한 것에 집중할 방법을 찾아야 한다.

아직 학생이든, 새로운 일을 시작하는 초심자든, 회사의 고위직 임원이든, 혹은 그 사이의 어딘가에 위치하든, 기본적인 점을 놓치지 않는 것이 중요하다. 자신에게 투자할 시간을 만들어야 한다. 호시탐탐 우리를 노리고 있는 역경이 닥쳐오더라도 흔들리지 않고 결심한 것에 다시 집중하고 또 다시 노력해야 한다. 그 전날보다 더 나은 하루가 되도록 매일 매일 최선을 다해야 한다. 이러한 태도는 다음 날에도 또 그 다음 날에도 계속되어야 한다. 그렇게 하면 언젠가 사람들은 당신이 하는 일보다 당신이 누구인지에 더욱 집중할 것이다.

당신의 재능, 열정, 그리고 인성이 당신의 명함이 되도록 하라.

타격전투비행대(Strike Fighter Squadron) 소속 F/A-18E 슈퍼 호넷 2대가 2015년 핵추진 항공모함 USS 조지 워싱턴(USS George Washington, CVN-73)호 위를 날고 있다. 저자는 앞에 있는 전투기를 조종하고 있다.

02

가치 있는 것은 결코 쉽게 얻을 수 없다

"기준은 기준이다. 기준에는 타협도 관용도 있을 수 없다."

신입 탑건 교관에게 주어지는 첫 번째 임무 중 하나는 특정 분야에서 전문가가 되는 것이다. 이러한 전문 분야는 근접 공중전, 항공전[6], 지상 목표물 공격, 적기의 세부 사항, 타국의 미사일 방어 시스템, 공중 레이더, 고등 훈련 등을 포함해 매우 다양하며, 탑건에는 약 30개의 과목 강의가 있다. 각 교관은 이러한 고도로 기술적인 영역 중 하나에 통달해야 한

6 전투기나 하늘을 나는 전투용 기계로 전쟁을 치르는 것. 공중 보급도 포함한다.

다. 대부분 하급 장교인 탑건 훈련생들은 함대 근무를 이제 막 시작한 신입 장교들로 구성되어 있으며, 이는 입학 자격 요건이기도 하다.

놀랍게도 총 25명밖에 되지 않는 탑건 교관이 미 해군과 해병대 전체의 공중전 기준을 정한다. 미국에는 약 33만 9천 명에 달하는 해군과 해병대원 18만 5천 명이 있다. 따라서 교관이 되려면 50만 명 이상의 군인으로부터 인정을 받는 전문가가 되어야 한다. 높은 기대감과 압박감은 교관 첫날부터 시작된다.

수십 년 전만 해도 탑건 훈련생들은 수료 후에도 교관으로 발탁되기 전까지는 비행을 계속해야 했다. 각 반에서 소수의 조종사만이 탑건 교관이 될 수 있었다. 요즘은 탑건 과정 시작 전에 미리 자질을 평가한다. 사전 선발된 이들은 훈련 기간 동안 추가 검사를 받은 후 졸업과 동시에 바로 교관이 된다.

나의 경우, 탑건 과정을 마친 뒤 얼마 지나지 않아 탑건 수석 교관들에 의해 사무실로 불려 가서 내가 어떤 분야에 대해 배우고 가르쳐야 할지에 대해 들었다. 강의 네 개가 교대로 진행될 예정이었고, 각 강의에는 새로운 교관이 필요했다. 나에게 어떤 과목이 배정될지 궁금했다.

탑건은 1년에 3개의 강의만 제공하기 때문에 과목과 강사 배정이 매우 신중하게 이루어진다. 상급 교관이 자신의 경험과 지식을 하급 교관에게 전달하는 방식이기 때문에 타이밍을 잘 맞춰야 강의의 지속성이 보장된다. 그래서 6개월 혹은 8개월 후면 떠날 교관을 대체하기 위해 새로운 팀원을 대상으로 미리 인수 교육을 시행하기도 한다.

나는 교관들 사이에서도 중요도가 높고 어렵다고 알려진 공대공 관련 강의를 맡게 되어 매우 흥분되었다. 공대공 강의를 배정받은 데는 좋은 타이밍 덕도 있었지만, 무엇보다도 공대공 교전 계획의 기초를 구성하는 수학과 위험 관리 분야에 내 MIT 석사 학위가 유용했기 때문이기도 했다. 그러나 흥분도 잠시, 내가 준비해야 할 과정의 명칭을 듣자마자 과제의 무게가 실감나기 시작했다. 그 명칭은 바로 '머더보드'였다.

머더보드 담당 교관은 훈련생들에게 제공할 강의 전체를 외워서 진행해야 한다. 하지만 신입 교관의 경우, 훈련생 대상의 본 강의에 앞서 교관들 앞에서 미리 발표해 어느 정도 준비되었는지를 확인받아야 한다. 거의 탑건의 박사 논문 심사 자리라고 해도 될 것이다. 나 같은 경우, 50명의 전임 및 현직 교관들 앞에서 236개에 달하는 슬라이드를 넘기며 4시간짜리 강의를 대본 한 줄 보지 않고 모두 외워서 진행해야 했다.

그런데 바로 이 점이 탑건의 머더보드를 더욱 독보적이게 한다. 발표자는 노트를 참조하거나 슬라이드를 보면서 말할 수 없다(차트를 참조해야 하는 경우 드물게 예외로 인정된다). 내 발표는 이미 6개월 전부터 잠정적으로 예정되어 있었고 결전의 날은 점점 다가왔다.

발표를 외워서 해야 한다는 압박감은 결코 가볍지 않았다. '도대체 어떻게 하면 4시간짜리 발표를 외워서 할 수 있단 말인가?' 나는 머더보드가 매우 버겁게 느껴졌다. 압박감을 더욱 가중시킨 것은 그 와중에도 내가 빡빡한 비행 일정을 아무 문제 없이 소화해 낼 것이라는 수석 교관들의 기대였다. 매일 예정된 많은 양의 비행 임무 중 대부분은 새로운 훈련생들을 상대로 가상의 적기 역할을 하는 것이었다.

신입 교관들이 이 과제를 잘 극복할 수 있도록 선배 교관들은 '사전 머더보드pre-board 과정'을 만들어 준다. 각 신입 교관에게는 주제 조사, 곧 임기가 마감될 선임 교관과의 협력, 새로운 추천 사항 개발, 프레젠테이션 제작을 위해 4개월이 주어진다. 내 담당 선배 교관이 이미 임기를 마친 상태였기 때문에 나는 주로 그가 남긴 슬라이드를 연구하며 학습했다. 그는 정기적으로 방문하여 공중전의 기본 원리에 대한 나의 질문에 대답해 주곤 했다. 나는 다른 전투기와 싸울 때 조종사가 사용할 수 있는 절차를 만드는 것에 대해 주로 물었다.

초반에는 하루 일정이 정신없이 흘러갔다. 나는 첫 번째 적기 임무 수행을 위해 매일 동트기 전에 도착하곤 했다. 첫 비행과 브리핑을 마치고 간단히 점심을 먹은 후 두 번째 비행을 위해 서둘러 브리핑에 참석했다. 두 번째 비행과 보고가 끝나고 나면 몇 시간이라도 더 공부하고자 책상에 앉았다. 이러한 일과 덕분에 하루 한두 번 비행 후 머더보드를 준비하는 것이 제2의 천성, 즉 습관이 되었다.

교관으로 일한 첫 4개월은 순식간에 지나갔다. 어느덧 소수의 교관을 대상으로 하는 8개 강의 중 첫 번째인 첫 프리보드pre-board를 실시하라는 지시를 받았다. 프리보드의 기준은 매우 까다롭지만 강의의 모든 측면에 대해서 상당히 구체적인 피드백을 얻을 수 있기 때문에 신입 교관의 역량 향상에 도움이 된다. 물론 내가 피드백을 받는 입장이라면 그 느낌은 사뭇 다르겠지만 말이다.

나의 첫 번째 프리보드에는 탑건 수석 교관 세 명이 참석하여 관찰과 평가를 진행했다. 나는 수석 교관들이 오류의 내용, 해당 슬라이드 번호, 수정 피드백을 신속하게 작성할 수 있도록 '평가 시트'도 준비해야 했다.

피드백은 모든 것을 망라했다. 슬라이드의 오타는 물론 잘못된 사항은 하나도 빠짐없이 모두 포착되었다. 프레젠테이션 중 잠시 길을 잃어 슬라이드를 살짝 보는 것마저도 그들은 놓치지 않았다. 곧바로 '슬라이드 엿봄'이라는 메모가 달렸다. 또한 의미 없거나 불분명한 개념, '어'나 '음'과 같은 잡음 역시 금지되었다. 어떤 것도 그냥 통과되는 법이 없었다.

첫 번째 프리보드는 순조롭지 못했다. 나는 많은 개념을 더듬거렸고, 슬라이드를 열두 번도 넘게 봐야 했다. 참석자들의 지식 테스트 겸 내가 준비한 기본 용어 중 일부는 단어 사용이 너무나 서툴러 교관들마저 무슨 질문인지 또는 어떻게 대답해야 할지조차 모르는 난감한 상황으로 이어지기도 했다. 4시간의 고난이 끝날 무렵 각 교관이 10페이지가 넘도록 작성한 노트가 한데 모였다. 한 교관은 내 발표에서 150개 이상의 오류를 발견했다. 내 강의에 대한 그들의 평가는 이제 막 시작되었지만 나는 정신적으로나 육체적으로나 이미 완전히 지쳐 버렸다.

(장장 90분에 달했던) 평가가 끝날 무렵 교관 두 명이 각자의 일과를 위해 먼저 자리를 떴다. 나는 회의실 문 근처에서 나머지 한 교관과 이야기를 나누었다. 내가 탑건 조교가 되기 위해 모의전을 치렀던 바로 그 교관이었다. 그는 내 어깨를 두드리며 말했다. "버스, 잊지 말게. 가치 있는 것은 결코 쉽

게 얻을 수 없어. 프리보드는 그 자체가 매우 어렵게 설계된 과정이야." 그는 내가 내 발표에 만족스럽지 않아 한다는 것을 매우 잘 알고 있는 듯했다.

"우리는 의도적으로 자네를 무너뜨리는 거야. 그러나 결국은 그것이 자네를 다시 일으켜 세우도록 돕는 거라네." 그가 말했다. "여기 있는 우리 모두 이 과정을 통해 각자의 방식을 키워 온 사람들이야. 내 말을 믿게. 우리 중 누구도 특별한 사람은 없어. 우리가 해냈다면 자네도 할 수 있는 거야!" 그는 마지막으로 내 등을 한 번 두드린 후 내가 혼자 생각할 시간을 갖도록 먼저 자리를 떠났다.

나는 회의 테이블에 앉아 모든 피드백을 천천히 훑어보았다. '16번 슬라이드 미사일 철자 틀렸음'이라고 쓰인 피드백도 있었다. '너무 천천히 진행', '슬라이드 14까지 로봇이 말하는 것 같음'이라는 피드백도 받았다. 세 번째 교관은 '슬라이드 138에서 뒤를 두 번이나 돌아봤다. 이 부분을 더 연습하도록!'이라고 지적했다.

돌연 머릿속에 전구가 켜지듯 모든 것이 명료하게 보였

다. 스포트라이트를 받는 것은 말할 것도 없이 괴로운 경험이었다. 프리보드 과정을 거치고 나니 나의 어떤 결점도 숨길 수 없으리라는 것이 확실해졌다. 발표 슬라이드부터 유니폼의 정돈 상태에 이르기까지 모든 것이 평가되었다. 심지어 전투기 조종에 대해 강의하면서 지시봉을 잡는 방식마저도 평가의 대상이 되었다.

하지만 자세히 살펴보니 모든 피드백이 솔직하고 직설적인 내용이라는 것을 깨달았다. 잔인하거나 비열한 내용은 전혀 없었다. 개인적인 비방 역시 없었다. 나를 최고의 교관으로 키우고자 하는 이들은 수정, 개선, 연습 또는 재작업이 필요한 모든 영역을 파악할 수 있도록 도움을 주었다. 지금 지적받은 슬라이드의 모든 오타는 내가 본격적으로 머더보드를 만들기 한참 전에 수정될 것이다.

이 피드백의 목적은 분명했다. "철이 철을 날카롭게 한다.(잠언 27:17)" 첫 프리보드이든 최종 강의든 그들은 나 스스로도 믿기 힘들 정도의 높은 수준에 도달할 수 있도록 내게 호의를 베풀어 주는 셈이었다. 그들이 전하는 바는 명확했다. 바로 기준은 기준이라는 것이다. 기준은 결코 굽혀지거나 타협할 수 없다.

속뜻을 깨우치고 나니 동기가 회복되었다. 나는 하루하루 천천히 발전했다. 강의의 모든 슬라이드를 대표하는 노트 카드를 만들었고 다른 교관으로부터 힌트를 얻어 프레젠테이션을 다루기 쉽게 다섯 부분으로 나누어 그룹화했다. 아침 출근길에도 밤에 집에 오는 길에도 매일같이 노트 카드를 들고 차 안에서 연습했다. 전체 프레젠테이션 규모가 만만치 않아 보였지만 작은 단위로 쪼개고 나니 다루기가 더 쉬워 보였다. 이러한 깨달음은 나의 자신감을 형성하는 데 도움이 되었다.

이내 평생 기억될 본격적인 머더보드의 날이 다가왔다. 전통적으로 강의 전에 교관이 참석자들에게 간단한 아침과 음료를 제공한다. 가져 온 음식이 마치 성난 머더보드 신들에게 바치는 제물처럼 느껴졌다. 그들이 내린 결정에 따라 나의 테스트 합격 여부가 결정될 것이다.

교관들이 줄지어 들어오는 것을 보고 있자니 속이 울렁거렸다. 나는 얼굴이 하얗게 질릴 정도로 긴장했다가 이내 얼굴이 빨갛게 달아올랐고, 관자놀이 부근에서 열기가 느껴졌다. 하지만 나는 꿋꿋이 견디며 관례적으로 행하는 카운트다운을 외치기 위해 문 쪽으로 걸어갔다. 시계를 힐끗 본 후 문을 닫으면서 "30초!"라고 외쳤다. 천천히 연단으로 돌아오면서 시간을 확인하기 위해 다시 한 번 시계를 봤다. "10초, 5, 4, 3, 2, 1, 핵hack." '핵'은 정확한 GPS 시간을 표시하는 용어이자 강의실에 있는 모든 사람이 집중하고 있음을 나타낸다.

청중과 눈을 마주치기 위해 교관은 키보드를 보는 것도 피해야 한다. 나는 아래를 내려다보지 않은 상태에서 왼손을 뻗어 엔터키를 눌러 첫 번째 슬라이드를 띄웠다. 그리고 그동안 외워 둔 내용으로 강의를 시작했다. "중국 공군의 경우, 제2차 세계대전 초기에 살상률이 굉장히 낮았습니다. 1941년에 '하늘을 나는 호랑이'라는 별명으로 더 잘 알려진 미국 최초의 민간 전투 항공대를 결성한 클레어 셔놀트Claire Chenault 대위를 살펴봅시다."

첫 번째 슬라이드에서 주요 개념과 정의를 설명하기 전에 나는 공대공 임무 계획의 중요성을 잘 알리는 일화를 먼저 소개했다. 지난 몇 달 동안의 훈련과 연습이 실전이 되자 이내 얼굴에서 열기가 가라앉는 것이 느껴졌다. 무슨 정신으로 끝냈는지 모를 정도로 나는 몰입해 있었다.

몇 시간 후 평가가 내려졌다. 다행히 나는 성공적으로 합격했다.

탑건의 고된 과정이 결실을 보았다. 불과 6개월 전만 해도 불가능해 보였던 철저한 암기를 기반으로 한 4시간가량의 강의가 성공적으로 끝났다. 나만의 에베레스트산을 등반한 것이었다. 머더보드의 경험은 내게 인내의 힘을 가르쳐 주었다. 그것은 깊이 파고들어 나조차도 깨닫지 못했던 힘을 한껏 끌어올릴 수 있도록 나를 훈련시켰다.

탑건의 교관이라 해서 초인적 힘을 갖고 있는 건 아니다. 우리 역시 전형적으로 혼란스러운 고교 시절을 보낸 평범한 사람들이다. 그중 수석 졸업을 한 사람은 소수에 불과하다. 우리 대부분은 젊은 시절 몇 번의 어려움에 처하기도 했다. 그러나 여기에서 우리는 모두 할 수 있는 한 최고가 되고자 하는 공통의 열망으로 뭉친 전투기 조종사였다. 방향성, 팀

워크, 그리고 철저한 기준이 오늘날의 우리를 만들었다.

역경이나 극복할 수 없을 것처럼 보이는 일에 직면하면 좌절은 물론 압도당하기 쉽다. 중요한 시험을 앞두고 누구나 머리를 쥐어짜 본 경험이 있을 것이다. 직장인이라면 힘든 일을 겪고 좌절감에 허공에 대고 주먹을 마구 휘둘러 본 적도 있을 것이다. 그러나 곰곰이 생각해 보면 이러한 일들도 단지 스쳐 지나가는 덧없는 순간이라는 것을 깨닫게 된다.

성공을 원한다면 노력, 헌신, 그리고 탁월함을 추구하는 정신을 계속 이어가야 한다. 그 어디에도 결코 지름길이란 없다. 어려운 문제를 정면으로 돌파하고, 때로는 도달할 수 없을 것처럼 보일지라도 성공을 위해 계속 노력해야 한다. 그리고 매일 성공을 거둬라.

어제보다 더 나은 오늘이 되게 하라.

내일도 그렇게 하라.

기억하라. **가치 있는 것은 결코 쉽게 얻을 수 없다.**

★ 핵추진 항공모함 USS 칼 빈슨(USS Carl Vinson, CVN-70)호의 비행갑판에서 증기식 캐터펄트(steam catapult)에 의해 F/A-18기가 이륙하는 모습.

★ 2009년 훈련 비행 이륙 전 전투기에 앉아 준비하고 있는 저자의 모습.

03

압박을 받아도 언제나 침착하라

★

"주변에서 무슨 일이 일어나든, 천천히 하는 것은 꾸준하고, 꾸준한 것은 순조로우며, 순조로운 것은 빠르다는 것을 기억하라. 압박감 속에서도 침착함을 유지할 때 더 많은 것을 성취할 수 있다."

나는 캘리포니아 남동부에 위치한 데스밸리 국립공원 상공의 훈련장이자 제한 구역 2508에서 애프터버너를 가동한 최대 추력으로 16,000피트 상공에서 급히 좌선회하고 있었다. 그 순간 갑자기 전투기가 흔들렸다.

'도대체 방금 그게 뭐였지?'

잠시 후 헤드폰에서 탁탁 소리가 나며 다음과 같은 말이 들려왔다. "엔진 화재, 오른쪽… 엔진 화재, 오른쪽."

방금 나와 모의전을 치르고 있던 교관이 나는 볼 수 없는 내 전투기 뒷부분의 상황을 보고 교신을 해 왔다. 높이 15피트에 달하는 불길이 내 전투기 오른쪽 엔진의 배기관에서 뿜어져 나왔다.

목숨을 잃을 수도 있으니 우리는 공중전을 멈춰야 했다. 나는 조심스럽게 F/A-18C 호넷 전투기 날개의 수평을 맞췄고, 왼손으로 제트 엔진 스로틀을 다시 중간 위치로 당긴 후 오른손으로 조종간을 살짝 밀었다. 이러한 상황에서는 다음의 순서를 지키는 것이 중요하다.

바로 비행, 항행, 교신이다.

먼저, 비행을 해야 한다. 탑승자의 생명과 함께 비행기의 안전을 보장해야 한다. 1인승 전투기 조종사로서 나는 오직 한 명의 생명, 즉 나 자신의 목숨만 신경 쓰면 된다. 다행히도 캘리포니아의 외딴 지역을 지나가고 있었기에 인구 밀집 지역에 추락할 위험은 거의 없었다.

둘째는 항행이다. 비행의 기본 원칙은 가장 극단적인 상황에서도 안전하게 목적지에 도착할 수 있는 능력을 유지하는 것이다.

셋째, 교신을 한다. 교신은 위 세 가지 규칙 중 가장 덜 중요하기 때문에 처음 두 단계를 완료하기 전까지는 사용하지 않아야 한다. 수많은 조종사가 비행의 가장 중요한 기능인 목적지로의 안전 운항에는 소홀히 하고 무선 통신과 같은 덜 중요한 임무에 집중한 탓에 목숨을 잃었다. 언제나 우선순위를 지키는 것이 중요하다.

나는 왼쪽 무릎 옆의 계기판을 훑어보았다. 오른쪽 엔진은 0rpm에 멈춰 있었고, 오른쪽 화재 경고등에는 빨간색 불이 들어와 있었다. 조종사들은 '매우 위험'으로 분류된 20개의 비상사태에 대비해 생존을 위한 '즉시 행동 목록'을 순서대로 외우고 있어야 한다. 비행 전 브리핑에서 이 목록을 말 그대로 달달 외우지 못하는 조종사는 전투기에 오를 수 없다. 각 단계별 올바른 수행이 생사를 가르기 때문이다. 엔진 화재는 잠재적으로 치명적인 비상사태 중 하나다.

정신이 번쩍 들었다.

1단계, 상황을 계속 주시하면서 두 스로틀을 모두 실제 최소 전력으로 설정한다. 확인. 2단계, 오른쪽 엔진 레버를 천천히 뒤로 당겨서 끈다. 확인. 3단계, 보호 커버를 열고 화재 버튼을 눌러 폭발을 일으킬 수 있는 연료를 차단한다. 확인. 4단계, 5단계 시도 전 우측 엔진실 내부에 소화기 작동 버튼을 누른다. 확인. 5단계, 어레스팅 후크를 위해 손잡이를 내려놓는다. 확인… 또 확인. 계기판을 힐끗 돌아보니 오른쪽 엔진 경고등이 꺼져 있었다. 이는 소화기가 제대로 작동됐음을 의미했다.

상황이 상황이니만큼 가장 가까운 비행장을 찾아 활주로에 걸쳐진 와이어에 테일 후크가 걸리는 방식으로 비상착륙을 해야 했다. 내가 급격히 비행기를 멈춘 후 왼쪽 엔진을 끄고 나면 소방 팀이 화재 진압용 거품을 빠르게 살포할 것이다.

어레스티드 랜딩Arrested landings은 해군 전투기 조종사라면 반드시 받아야 할 훈련의 일부이다. 항공모함의 활주로(착륙 구역)는 축구장보다 약간 긴 정도이기 때문에 전투기가 활주로를 벗어나 바닷속으로 빠질 위험이 있다. 따라서 활주로의 와이어에 테일 후크가 걸리도록 하여 전투기를 강제로 멈춘다. 착륙 1초 전, 전투기 안에는 조종사 한 명뿐이다. 마침내 바퀴가 활주로에 닿으면 조종사는 격렬하게 앞으로 튕겨져 나가고, 와이어에 테일 후크가 걸린 뒤 2초 이내로 전투기 속도는 시속 150마일에서 정지 상태로 급격히 느려진다.

나는 즉각적인 위험에서는 벗어났지만 내 전투기는 천천히 그리고 계속해서 고도를 잃어가고 있었다. 캘리포니아주 르무어Lemoore에 있는 본부 군 비행장은 너무 멀어서 안전한 도착을 장담할 수 없었다. 나는 전투기를 우측으로 꺾어 캘리포니아 서부 모하비 사막 지역에 위치한 차이나 레이크China Lake 항공 무기 기지 쪽으로 향했다. 이곳은 로스앤젤레스에서 북쪽으로 약 150마일 떨어진 곳으로서 훨씬 더 가까웠다.

나의 윙맨wingman(호위기)이 내 전투기 상태를 자세히 보기 위해 우측으로 날아왔다. "레이더 21, 불이 꺼진 것 같다."

'와우. 적어도 내 전투기가 폭발하지는 않겠군.'

나는 내 오른편에 놓아둔 녹색 헬멧 백 쪽으로 손을 뻗었다. 두께 약 2인치의 내연성 천으로 만들어진 이 가방은 대략 피자 박스만 하다. 윗부분의 지퍼를 열어 내용물을 뒤적거렸다. 비상 착륙 준비를 위한 포켓 체크리스트가 손에 잡히는 느낌이 들었다.

잠시 후 필수 절차를 완료했음을 확인한 나는 마이크를 눌렀다.

"차이나 레이크 타워, 여기는 레이더 21, 긴급 상황."

관제탑이 응답하기까지 잠시 정적이 흘렀다.

"레이더 21, 차이나 레이크 타워, 긴급 상황 접수. 말씀하세요."

나는 심호흡을 했다. 조종석 안에서 무슨 일이 일어나든 침착하고 냉정하게 무선 교신에 집중해야 했다. 침착한 태도는 모두에게 영향을 주었고 더 나은 의사 결정으로 이어졌다.

"차이나 레이크 타워, 레이더 21. 우측 엔진에 불이 나서 즉시 비상 착륙이 필요합니다. 탑승 인원은 1명입니다. 연료는 30분 분량이 남아 있고, 엔진 불은 꺼진 상태입니다."

관제탑은 바로 응답했다. "알겠습니다. 레이더 21. 현재 다른 이착륙이 없는 상태이고, 소방차를 출동시키겠습니다."

12분 후 전투기 전방 오른쪽 부근에서 비행장이 보이기 시작했다. 착륙할 곳을 찾으면서 이처럼 기뻐한 적은 없었던 것 같다. "관제탑, 레이더 21. 시야 확보."

"레이더 21, 3번 활주로 착륙 허가. 어레스팅 기어 준비 완료." 관제탑 측에서는 내 테일 후크가 걸리도록 와이어가 활주로에 준비되어 있음을 알려 주었다. 착륙 장치가 이미 내려져 있는 상태에서 나는 전투기(F/A-18)를 오른쪽으로 조심스럽게 틀면서 하강하기 시작했다.

본래 두 개의 엔진이 달린 전투기를 엔진 하나만으로 조종하는 것은 어려운 일이다. 평소 정상 출력의 절반으로는 필요한 고도에 도달하기 어렵기 때문이다. 오른쪽 엔진이 정지된 이후 왼쪽 엔진의 추력 때문에 전투기 앞부분이 계속 오른쪽으로 틀어졌다. 마치 빙판길에서 차를 몰고 가는 것만 같았다. 내가 어디로 향하는지도 정확히 알지 못하는 상황에서 직선 경로를 유지하기 위해 계속 전투기를 제어해야 했다.

약 5분 후 착륙은 했지만 바퀴가 활주로에 부딪히면서 작은 연기가 발생했다. 후크가 와이어에 걸리면서 전투기가 급격히 멈췄고, 나는 재빨리 왼쪽 엔진을 껐다. 그제야 덜덜 떨고 있던 내 다리가 보였다. 내 몸에 아드레날린이 흐르고 있다는 명백한 증거였다. 소방 팀이 불이 꺼졌는지 확인하는 동안 나는 안전벨트를 풀고 조종석에서 빠져나왔다.

전투기 오른쪽을 살펴보니 손상된 부분이 보였다. 윤활유가 비행기 오른쪽은 물론 앞부분까지 튀어 있었다. 도대체 무슨 일이지? 시속 수백 마일로 이동하고 있던 전투기에서 어떻게 기름이 앞으로 튄 거지? 소방관들의 점검이 끝난 후 나는 더 자세히 살펴보기 위해 전투기 오른쪽에 있는 엔진 흡입구에 올라탔다. 그리고 손가락으로 엔진의 팬 블레이드(날개)를 천천히 회전시켜 보았다. 마치 누군가 구슬 한 통을 엔진에 쏟아붓는 것 같은 소리가 났다. 4분의 1쯤 회전하자 블레이드가 더 이상 돌아가지 않았고, 다시 움직일 생각을 하지 않았다.

엔진이 고장 나고 2주 후 조사 결과가 나왔다. 누군가 엔진 복구 작업을 하면서 엔진에 작은 헝겊 조각을 두고 온 것이었다. 운이 나쁘게도 나는 엔진이 복구된 후 전투기를 조종한 첫 번째 조종사였다. 오일 시스템 내부에서 헝겊이 부풀어 오르면서 엔진에 치명적인 과압이 발생했고, 이 때문에 전투기 오른쪽 전체에 오일이 흩뿌려진 것이었다. 티타늄 볼트가 뒤틀리고 녹을 정도로 엔진 내부가 매우 뜨거워졌다(티타늄의 녹는점은 약 1660℃ 이상). 한 사람이 자신의 일을 제대로 하지 않은 탓에 7천만 달러의 항공기가 거의 손실되었다. 그 사람은 다른 조직에서 일했기 때문에 나와 마주친 적도 없었고 이후 어떻게 됐는지는 모르겠다.

어쨌거나 중요한 것은 압박감 속에서도 침착함을 유지함으로써 비상 상황에서 전투기와 내 생명을 구했다는 사실이다. **그 당시에는 깨닫지 못했지만, 이 경험은 나의 경력에서 두고두고 좋은 영향력을 발휘했다. 이라크 상공에서의 스트레스 가득한 전투 상황에서도, 한국 해안에서 러시아 폭격기를 요격할 때에도, 펜타곤에서 사무 업무를 볼 때도, 공격을 받는 동안 침착함을 유지하는 태도는 언제나 빛을 발했다.**

"침착함이 침착함을 낳는다."라는 말은 부정할 수 없는 사실이다. 인생을 살아가며 경력을 쌓아 가는 과정에서 당신은 더 큰 권위와 더 많은 리더십 기회를 얻게 될 것이다. 깨닫든 깨닫지 못하든 간에 당신이 이끄는 사람들은 항상 당신이 먼저 모범을 보이기를 원한다. 지금 당신은 어떤 신호를 보내고 있는가? 만약 압박감 속에서도 침착함을 유지하면 당신을 따르는 사람들도 그렇게 할 것이다. 리더가 당황하면 나머지 사람들도 자신감을 잃을 가능성이 훨씬 크다. 일이 급격히 전개되는 스트레스 가득한 상황일지라도 침착함을 유지하는 것은 언제나 효과적이다.

2019~2020년 전 세계를 덮친 코로나바이러스 대유행이 이를 더욱 확실하게 증명해 준다. 코로나19가 몰고 온 불확실성과 두려움 가득했던 상황은 아마도 쉽게 잊히지는 않을 것이다. 주변에서 무슨 일이 일어나든, 천천히 가는 것은 꾸준하고, 꾸준한 것은 순조롭고, 순조로운 것은 빠르다는 것을 기억하라. 압박감 속에서도 침착함을 유지한다면 더 많은 것을 성취할 수 있을 것이다.

당신의 삶에서 혹은 커리어를 쌓아 가는 동안 어떤 일이 일어나든 당신의 성장, 훈련, 핵심 원칙, 그리고 믿음에 집중해야 한다. 감정은 올바른 판단의 적이다. 또한 윤리적 기준을 저버리지 않는 것이 중요하다. 그렇게 함으로써 우리는 문제가 닥치더라도 언제나 안전하게 피할 수 있는 장소를 찾을 수 있을 것이다.

<u>압박감 속에서도 언제나 침착함을 유지하도록 노력하라.</u>

★ F/A-18E 슈퍼 호넷이 어레스티드 랜딩을 위해 항공모함의 착륙 지점에 닿기 직전의 모습. 압박감 속에서 집중력과 침착함을 발휘해야 할 상황이기도 하다.

★ 미국과 일본의 군사 협력 개선을 위한 미-일 공동 벤쿄오카이(Benkyoukai) 프로그램의 일부로 진행된 일본 공군 자위대 F-4 팬텀 II 전투기와의 훈련 중 저자가 직접 찍은 장면.

04

혼자 있을 때에도 옳은 일을 하라

"모든 사람이 제 몫의 힘을 발휘하지 않는 한 그 어떤 팀도 성공할 수 없다."

나는 아내 사라와 태어난 지 얼마 안 된 아들 라이언이 잠에서 깨지 않도록 조심하면서 발끝으로 살금살금 현관을 지났다. 시간은 막 밤 11시를 넘어가고 있었다. 아침에는 빨간색 전투기를 몰며 적군 역할을 했고, 오후에는 파란색 전투기를 몰고 아군 역할을 하며 유난히 긴 하루를 보냈다. 보고 시간이 평소보다 더 오래 걸리는 바람에 집에 도착했을 때는 이미 아내가 잠들어 있을 시간이었다.

나는 서재로 들어와 비행 시 꼭 필요한 모든 브리핑 자료가 담긴 헬멧 백을 의자에 올려놓았다. 이 가방에는 브리핑 자료뿐 아니라 장갑, 비행 녹화용 비디오테이프, 활주로 도면, 간식 등등 비행에 필요한 모든 잡동사니가 담겨 있다. 비행 중에 필요한 물건이 생기면 가방을 열어 뒤적거리곤 했고, 가방은 아무것도 빠지지 않도록 단단히 지퍼를 잠글 수 있었다.

시간이 지나면서 물건이 쌓이기 때문에 주기적으로 헬멧 백을 정리해야 한다. 정작 필요한 물건을 찾아 가방을 뒤지는 동안 두 달이나 가방 안에 방치되어 부서지고 반쯤 녹아 있는 초코바가 손에 잡히면 기분이 썩 좋지는 않을 것이다.

그날 밤 몇 가지 물건을 가방에서 꺼내고 있는데 한숨이 절로 나왔다. 가방 속에 비행 브리핑 카드가 있었던 것이다. 보통은 비행 브리핑을 마친 후 파기하므로 가방에 넣고 집으로 오는 일은 극히 드물다.

브리핑 카드에는 호출 부호나 무선 주파수와 같은 기본 비행 정보가 담겨 있기 때문에 조종사는 비행 전 반드시 이 카드를 챙겨야 한다. 때로는 카드에 기밀 정보가 담겨 있는 경우도 있는데 오늘 내가 실수로 들고 온 이 카드가 그랬다. 브리핑 카드를 집으로 가져왔다는 것은 내가 자료 점검을 제대로 하지 않고 기지를 나왔음을 의미했다. 그나마 다행이라면 자료가 담긴 가방이 내 손에 있었고, 곧장 집으로 왔기 때문에 정보는 안전했다. 하지만 우리 집에서 밤새 카드를 보관하는 것은 있을 수 없는 일이었다.

늦은 밤인데다 기지까지 20분 거리였지만 선택의 여지가 없었다. 보안 절차를 지켜야만 했다. 나는 다시 비행 부츠를 신고 끈을 조였다. 서둘러 차를 타고 기지로 돌아가 자료를 금고에 반납해 보안 절차를 준수하고 싶었다. 자정 전에 집에 돌아와서 잠자리에 들면 성공이다. 귀찮은 일이었고 그 밤에 굳이 다시 기지로 돌아가지 않아도 누가 뭐라 할 사람은 없었겠지만 나는 옳은 행동을 했다.

해군 조종사들은 비행 훈련 첫날부터 절차 준수 훈련을 받는다. **임무의 성공과 안전을 모두 보장하려면 체크리스트를 따르고, 시간을 엄수하고, 확립된 규정 안에서 작업하는 것이 필수다.** 규칙을 준수하면 함께 비행하는 동료의 신뢰를 얻을 수 있으며, 이

신뢰는 항공계에서 매우 중요하다. 또한 기밀 정보와 관련된 경우 적절한 절차에 따라야만 국가 기밀을 안전하게 보호할 수 있다. 실제로 우리의 정보를 빼내려는 외국의 스파이들이 존재하며, 미국의 군사 노하우를 훔치려는 타국의 시도가 계속해서 적발되고 있다.

옳은 일을 하는 것은 개인적으로도 중요하다. 나는 탑건에 오기 전 '크루즈cruise'라 불리는 항공모함 해외 파견 업무 중 비극을 목격한 바 있다. 일상적인 절차도 중요하지만 올바른 절차를 따르지 않으면 누군가가 중상을 입거나 사망에 이를 수 있어 '뼈에 새겨야 할' 정도로 매우 엄격한 규칙도 있다. 우리 비행대를 포함해 항공모함에 탑승한 모두가 그러한 규칙 준수의 중요성을 직접 체감했다.

2004년 나는 하급 장교로서 처음으로 비행대에 배치되었다. 나는 항공모함 상공을 선회하며 착륙 순서를 기다리고 있었다. 하늘의 별이 매우 또렷하게 보이는 상쾌하고도 맑은 밤이었다. 야간 투시경으로 내려다보니 항공모함 비행갑판에서 전투기들이 25노트의 속도로 대양 표면을 따라 순차적으로 출격하고 있었다. 항공모함에는 항공기 착륙 구역이 하나밖에 없기 때문에 우리 비행대는 갑판에 있는 모든 항공기가 이륙을 마치는 대로 착륙을 시작할 예정이었다.

곧 모두 이륙을 완료했고 대기하고 있던 전투기들이 항공모함에 접근하기 시작했다. 교신이 오기 전까지는 모든 것이 순조롭게 흘러가는 듯했다. "나인티 나인Ninety-nine… 델타 포delta four, 델타 포." '나인티 나인'은 해당 항공모함이 현재 항공모함 근처 상공에 있는 모든 항공기와 교신하고 있음을 의미하는 암호다. '델타 포'는 착륙 재개 전 4분간의 지연을 예상하라는 또 다른 암호다. 즉, "여러분, 우리 착륙은 4분간 지연됩니다."라는 메시지가 전달된 것이다. 이는 착륙 중 항공기가 비행갑판에 부딪히면서 타이어가 떨어져 나갔거나 착륙을 돕는 어레스팅 기어 와이어arresting gear wires의 제거 혹은 교체가 필요한 상황임을 알리는 것이기도 하다.

나는 연료를 아끼기 위해 스로틀을 풀어 두었다. 4분의 지연이 어느새 8분으로, 또다시 12분으로 늘어났기에 미리 풀어 두길 다행이었다. 전투기 두 대가 항공모함 주변의 공중급유기를 찾아야 할 정도로 연료가 부족했다. 나도 연료 게

이지를 확인했다. 아직은 괜찮았지만 더 지체한다면 나도 연료가 필요해 보였다.

그러던 중 착륙을 재개하라는 교신이 왔다. 내 차례가 되어 접근을 준비하기 위해 항공모함 뒤에 줄을 섰다. 10분 후 바퀴가 닿았고 전투기 테일 후크가 어레스트 와이어 하나에 걸리면서 급격히 멈추었다. 나는 시각 신호 담당 승조원을 찾으려 오른쪽을 둘러보았다. 그는 착륙 구역의 바로 오른쪽에 서 있었다. 와이어가 살짝 감기면서 뒤로 끌릴 때 전투기가 확 당겨지는 것이 느껴졌다. 승조원이 후크를 올려 와이어를 풀라고 손짓했다. 나는 무사히 착륙한 다음 승조원들의 안내를 받으며 갑판 위의 지정 구역에 전투기를 주기했다.

이후 오른쪽 엔진을 껐다. 엔진이 완전히 멈춰지길 기다렸다가 레이더 시스템, 라디오, 비행 시 사용하는 여러 시스템 등 모든 전원을 껐다. 셧다운 체크리스트의 모든 단계를 완료했는지 확인한 후 왼쪽 엔진도 껐다. 마찬가지로 체크리스트 점검 후 조종석의 캐노피를 열었다.

나는 앞서 착륙이 지연된 이유에 대해서는 별로 신경 쓰지 않고 있었다. 헬멧 백을 집어 들고 재빨리 전투기를 한 번 훑어본 후 비행갑판에 있는 승조원들에게 감사를 표했다. 그리곤 조종사들이 모이는 대기실로 가기 위해 배 안쪽으로 향했다. 대기실에서는 침울한 분위기가 느껴졌다.

나는 헬멧을 벗어 가방과 함께 내 지정석에 올려놓았다. 그리고 귀마개를 뽑으면서 몸을 돌려 다른 조종사에게 물어보았다.

"이봐, 무슨 일이야? 왜 그렇게 우울한 표정이야?"

그는 고개를 저으며 슬픈 소식을 전했다. "오늘 밤 승조원 한 명이 목숨을 잃었어. 배가 선회할 때 한 승조원이 격납장에서 S-3 바이킹 급유기와 벽 사이를 걷고 있었대. S-3 담당자가 체인을 완전히 조이지 않는 바람에 배가 돌면서 급유기가 앞으로 구른 모양이야. 승조원이 그 밑에 깔려 사망했다는군. 정말 끔찍한 일이야."

나는 몸이 다 떨렸다. 항공모함에 함재기를 주기할 때는 안전상의 이유로 항상 체인에 묶어 단단히 고정해 두어야 한다. 따라서 승조원들은 바퀴 앞뒤에 고임목을 괴어 놓고 무거운 체인을 여러 번 돌려 함재기를 안전하게 고정시켜 움직이지 못하게 한다. 공항과 달리 항공모함은 파도에 의해 끊임없이 위아래로 출렁거리며, 선회 시 좌우로 흔들린다. 다시 말해 모든 방향으로 기울어진다는 뜻이다. 제대로 묶여 있지 않으면 함재기가 위치를 이탈하면서 장비가 부서지고 근처에 있는 사람까지 다칠 수 있다.

그런 일이 바로 오늘 여기에서 일어난 것이다. 이는 매우 큰 비극이었고, 이 승조원의 죽음은 완전히 예방할 수 있는 일이었기에 더욱 안타까웠다. 담당 승조원이 체인을 좀 더 확실히 조였더라면, 책임을 좀 더 철저히 완수했더라면 한 사람의 목숨을 구할 수 있었을 것이다. 단순해 보이지만 이 일은 바다에서 운항하는 동안 매일 수백 번씩 수행되는 작업이다.

누군가 기본 직무를 소홀히 할 경우, 다른 사람의 생명에 어떻게 그리고 얼마나 큰 영향을 끼칠지는 아무도 예측할 수 없다. 한 명의 부주의가 누군가의 목숨을 앗아갈 수도 있다. 나 역시 어느 정비사가 내 전투기 엔진에 헝겊을 두고 가는 실수를 하는 바람에 목숨에 위협을 느꼈듯이 말이다.

경력 초기에 이 두 사건을 겪으면서 나는 개개인의 성실함이 얼마나 중요한지를 새삼 깨닫게 되었다. 누군가의 강요로 어쩔 수 없이 수행하는 정도의 책임만으로는 부족하다. 성공적인 팀은 항상 신뢰를 바탕으로 구축되며, 신뢰를 쌓으려면 모든 사람이 각자 할당된 작업을 충실히 완료해야 한다. 아무리 보잘것없어 보이는 작업일지라도 말이다. 개개인이 각자의 자리에서 힘을 발휘하지 않는다면 그 어떤 팀도 성공할 수 없다.

언제나 말보다는 행동이 더 많은 메시지를 전달한다. 당신의 친구, 가족, 이웃, 학생 또는 직장 동료는 여러분이 최선을 다하기를 기대하고 있다. 역경에 직면했을 때(혹은 지름길을 택할 기회가 있을 때) 쉬워 보이는 잘못된 일을 선택하기보다는 어려워 보여도 옳은 방식을 추구해야 한다. 옆에 떨어진 쓰레기를 보고도 그냥 지나치지는 않는지 자신을 돌아보아라. 시간을 내어 작은 일도 소홀히 하지 않고 제대로 한다면 이것은 평생의 습관이 되며, 이러한 태도는 주변으로 전파되어 나를 비롯한 주변의 모든 사람에게 보탬이 될 뿐 아니라 긍정적인 영향력을 미친다.

아무도 보지 않을 때에도 옳은 일을 해야 한다는 것을 기억하라.

★ 2016년 동해에서 미국과 일본 군함의 편대 항해 중 USS 로널드 레이건(USS Ronald Reagan, CVN-76)호 비행갑판 뒤쪽에 주기되어 있는 F/A-18 슈퍼 호넷.

05

문제를 예측하라

★

"실생활에서 열에 아홉은 노력이 영감을 능가한다."

가끔이지만 탑건 생활 중 흔치 않은 기회를 즐길 때도 있다. 2007년 영국 BBC의 한 프로그램 제작진이 네바다주 팰런에 있는 우리 기지를 방문했다. 그들은 내게 영국에서 가장 오래 방영된 시리즈 중 하나이자 과학과 철학을 주제로 펼쳐지는 텔레비전 쇼인 〈호라이즌Horizon〉의 출연 제의를 해왔다. '더 나은 결정을 내리는 법'이라는 에피소드의 제목처럼 내용 또한 명료했다.

〈호라이즌〉의 제작자들은 '예지 이론'이라는 것을 탐구하고 있었는데, 이는 '특정 직업 분야의 고도로 훈련된 구성원에게 나타나는, 미래를 내다볼 수 있는 능력'을 의미한다. 그들은 다음 질문에 대한 답을 원했다. '탑건 교관들이 그토록 성공적인 이유는 적군의 행동을 본능적으로 알아채도록 집중 훈련을 받았기 때문인가?'

여름이 끝나갈 무렵 BBC 제작진은 촬영과 인터뷰를 위해 우리 기지를 방문했다. 그 질문에 대한 우리의 대답은 만장일치로 '아니오'였다. 조종사들에게 '예지력'이라는 것은 존재하지 않는다. 다른 사람들처럼 우리도 미래에 무슨 일이 일어날지 모른다. 교관 중에 톰 크루즈처럼 생긴 사람이 거의 없는 것과 마찬가지로 타인의 마음을 읽을 수 있는 교관 역시 당연히 없다.

물론 탑건의 혹독한 연습량과 높은 수준의 연구는 전투 결과를 예측하는 데 도움이 된다. 비행과 전투가 3차원 공간에서 이루어지는 것에 비해 주어진 시간에 조종사가 사용할 수 있는 옵션의 수는 제한적이다.

도그파이트가 진행되면 전투기의 속도는 대개 느려지고

조종사의 선택지도 급격히 줄어든다. 전투기의 속도가 느리면 고도를 높일 수 없으므로 지평선을 가로지르는 수평 비행이나 하강만 할 수 있다. 마찬가지로 고도가 매우 낮으면 지평선과 수평을 유지하거나 조금 더 높이 날 수 있을 뿐이다. 그보다 더 낮게 날면 땅에 충돌할 수 있기 때문이다.

이러한 지식을 잘 알고 있는 전투기 조종사들은 교전 시 패배할 수밖에 없는 위치로 적기를 '몰아'간다. 수천 시간에 달하는 연구와 연습이 쌓인 조종사들은 가능한 결과를 예측하고 그 결과를 달성하기 위해 다음 행동을 계획한다. 작가 말콤 글래드웰Malcolm Gladwell이 이론화한 것처럼 한 기술을 마스터하려면 일만 시간의 연습이 필요하다. 일만 시간을 기간으로 환산하면 약 14개월쯤 된다. 우리는 그 이상의 시간을 훈련에 투자했다.

전투기 조종사로서의 우리의 능력은 예지라기보다는 광범위한 준비에 더욱 가깝다. 물론 예지가 더 흥미롭게 들릴 수는 있겠다. 무엇을 예측해야 할지 아는 능력은 조종사의 경험, 연습, 훈련에 달려 있다. 실제로 십중팔구는 노력이 영감을 능가한다. 탑건의 모든 훈련생은 이곳에 오기 전부터 이미 수년간 연습을 해 왔다.

BBC 방송 촬영이 진행되는 동안 나는 과거 함대 파견 중 이러한 능력 덕분에 적어도 한 번 이상 내 목숨을 건진 경험이 떠올랐다. 그중 한 가지 경험이 또렷하게 기억난다.

2004년 우리 비행대는 핵추진 항공모함 조지 워싱턴호에 배치되어 페르시아만을 순찰하면서 이라크를 상대로 매일 임무를 수행했다. 걸프만 바다에 떠 있던 4개월 동안, 중동에서 우리의 오랜 협력 국가인 요르단 공군의 훈련을 돕는 특별 임무를 수행하라는 요청을 받았다. 새로운 나라를 본다는 사실에 흥분이 되었고, 뭍에 오르고도 싶었기에 나는 그 요청을 수락했다.

몇 주 후 우리는 5대의 F/A-18 호넷기에 장비를 실었다. 조지 워싱턴호에서 출발한 우리는 쿠웨이트와 이라크를 경유한 후 북서쪽으로 방향을 틀어 요르단 상공으로 들어갔다. 요르단의 수도 암만에서 동쪽으로 약 1시간가량을 날아 외딴 마을인 아즈라크Azraq에 있는 한 공군기지에 착륙했다. 그곳에서는 초음속 요르단 F-16 바이퍼Viper와 미라지Mirage F1 전투기로 모의 공중전이 예정되어 있었다.

이는 내가 바라던 기회이기도 했다. 우리는 요르단 조종사들과 식사하며 동아라비아 숫자를 배워 그들의 전투기에 그려진 숫자도 읽을 수 있게 되었다. 그들과 함께 수행한 수많은 모의 교전은 나의 첫 임무 중 얻은 귀중한 경험으로 남아 있다.

아즈라크에서 일주일을 보내고 2주차에는 요르단 F-16 전투기와의 공중전이 예정되어 있었다. 나는 이 비행을 매우 기대하고 있었다. F-16은 내 F/A-18C 호넷기보다 작고 가벼우며 민첩해서 초음속에 쉽게 도달할 수 있기 때문에 흥미진진한 대결이 아닐 수 없었다. 그날 아침 브리핑 전, 요르단 전투기 조종사가 비행대 본부로 나를 초대해 아침 식사를 제공했다. 이는 놀라운 환대의 표시였다.

사전 조정과 비행 브리핑을 완료한 후, 우리는 각자 전투기가 주기되어 있는 곳으로 향했다. 나는 비행선에 주기되어 있는 F/A-18C로, 그는 F-16 전투기가 있는 지하 벙커로 갔다. 전투기가 지하 벙커에 주기되어 있다는 것 자체가 이웃 국가 간 갈등이 빈번한 중동의 정세를 극명하게 상기시켰다. 곧 두 대의 전투기가 공중으로 솟았고, 민항기나 다른 군용기가 침입할 가능성을 최소화하기 위해 각자 할당된 영공 상의 '작전 구역'으로 향했다. 나는 순조로운 비행을 기대했다.

그러나 불행히도 첫 교전에서부터 내가 틀렸다는 것이 증명되었다.

우리는 약 20마일 정도 거리를 두고 미리 계획된 하이 에스펙트 근접 공중전을 펼치고 있었다. 따라서 각자 전투기의 레이더를 사용해 상대의 위치를 파악하고 서로 가까이 날면서 추적할 수 있었다. 5마일 이내로 가까워지면 육안으로 서로의 위치 파악이 가능하고, 서로를 지나쳐 갈 수도 있는 거리이기에 교전을 시작할 것이다.

다만 한 가지 문제가 있었다. 서로 접근 가능한 거리가 되었을 때 나는 그를 볼 수 있었지만, 그는 나를 보지 못한 것이었다. 나는 어찌해야 할지를 몰라 당황했다. 일단 나는 평소 훈련에서 배운 대로 그의 전투기 쪽으로 다가가 우측으로 지나가려 했다. 그런데 무언가 이상했다. 내가 그렇게 했을 때 그의 전투기 기수가 계속해서 정면으로 나를 향하고 있었다. 이상하리만치 공격적으로 느껴졌다.

그 순간 서로 간 간격이 1.5마일 정도로 좁혀졌고 속도도 빨랐기 때문에 서로를 지나갈 때 안전거리를 유지하도록 내 전투기를 이리저리 조종해 보았다. 그런데 또다시 그의 전투기가 나를 향해 있었다. 무언가 잘못되었다. 이 상태라면 3초 이내에 충돌해 둘 다 죽을 것이고, 하늘에 거대한 불덩이를 일으키며 전투기 잔해가 사막의 모래 위로 떨어질 것이 뻔했다. 즉시 조치를 취해야만 했다. 나에게 남은 유일한 선택은 조종간을 최대한 세게 잡아당겨 전투기를 왼쪽으로 트는 것뿐이었다. 그의 비행기를 계속 주시하며 충돌을 피할 수 있도록 최소한의 안전거리라도 확보하길 바랐다.

눈 깜짝할 사이에 우리는 불과 몇 피트의 아슬아슬한 거리를 두고 굉음을 내며 서로를 지나쳤다. 거리가 매우 가까워 실제로 상대방의 엔진 배기 노즐이 돌아가는 소리가 다 들릴 정도였다. 거의 충돌할 뻔한 거리에서 뒤늦게 나를 피하는 것을 보니 그는 이 상황을 전혀 모르고 있던 것이 분명했다. '기본 전투 기동 오류basic fighter maneuvers error'를 시도하는 것으로 보아 첫 기동의 실수로 그가 불리한 전투 위치에 놓였음을 알 수 있었다.

몇 분간 계속된 전투 끝에 승리했지만 나는 심한 충격을 받았다. 기체 결함으로 눈이 휘둥그레지는 비상사태를 겪은 적은 있지만 다른 비행기와 충돌할 뻔한 것은 이번이 처음이었다. 나는 착륙 후에야 무슨 일이 일어났는지 알 수 있었다.

요르단 조종사는 레이더상에 나타난 위치 정보에만 의존하여 내 쪽으로 방향을 잡은 것이었다. 내 전투기는 회색이었는데 마침 그날 하늘도 잿빛이었다. 그는 내 전투기를 보지 못했다. 그는 나를 찾을 수 있기를 바라며 레이더가 그에게 가라고 가리키는 쪽으로 계속 향할 수밖에 없었던 것이다. 전투 계획상 서로 가까운 거리를 지나야 했기 때문에 마지막 순간까지 그가 나를 보지 못했다는 사실을 전혀 알아채지 못했다.

그때 나는 가장 중요한 교훈인 문제 예측의 중요성을 처절하게 깨달았다. 다행스럽게도 나는 그를 볼 수 있었고, 그가 안전하게 나를 피해가리라 생각하기보다는 충돌을 피하고자 적극적으로 사전 조치를 취했다. 그 덕분에 우리는 그날 살아 돌아올 수 있었다. 그렇지 않았다면 목숨을 잃었을 것이다.

나는 타국의 조종사들과 비행할 때 발생할 수 있는 문제를 전혀 예상하지 못했다. 하물며 미군 내에서도 부서별로 조종사 훈련 비행 기준이 다 다른데 말이다. 교전 중 발생할 수 있는 문제를 고려하여 사전 계획이나 브리핑 단계에서 해결했다면 이런 사건을 피해 갈 수 있었을 것이다.

그날의 교훈은 몇 년 후 내가 일본에서 지휘관으로 복무할 때도 큰 도움이 되었다. 나는 팀과 함께 12개월 전부터 미리미리 계획을 세웠다. 우리는 중요한 결정일수록 사후 대응이 아닌 사전에 미리 대처하고자 최선을 다했다. 덕분에 사건이 발생했을 때 놀라서 수습하기 바쁘기보단 정보에 입각한 결정을 내릴 수 있었다. 모든 일에 적극적으로 임함으로써 좋은 결과를 얻었다. 우리는 항공모함 8개 비행대 중 1위를 차지했고, 내 임기 말에는 서반구의 약 20개에 달하는 F/A-18 비행대 중에서 1위를 차지했다.

또한 이 교훈은 내가 제임스 매티스James Mattis 국방장관의 공보관 겸 수석 연설문 작성자라는, 성격이 전혀 다른 업무를 맡았던 2017년에도 큰 도움이 되었다. 나는 팀원들과 협력하여 앞으로 한 해 동안 우리가 수행해야 할 모든 주요 행사를 사전에 파악했다. 바쁜 일정 중 그나마 한가한 때에는 그 이후 몇 달 동안의 스케줄이 무리 없이 진행되도록 사전에 일정을 계획했다. 막상 그때가 되면 훨씬 더 바쁠 것이 예상되었기 때문이다. 해외 일정을 수행할 때도 가능한 결과를 브레인스토밍하고 그에 따라 계획을 세웠다.

성공을 위한 계획 수립은 앞일을 예측하기 위해 1년 치 달력을 인쇄해 두는 것만큼이나 쉬운 일일 수 있다. 또는 전날 밤 종이에 다음 날 일정을 적어 준비하는 것처럼 간단할 수도 있다. 학생이라면 학과 과정을 미리 참고하여 스트레스가 많은 기간을 예측하고 공부량의 균형을 맞춰 갈 수 있다. 손님이 몰리는 혼잡한 아침에 항상 정신없는 시간을 보내는 바리스타라면 많이 사용하는 물건을 전날 밤에 미리 준비해 둘 수 있다. 성과 평가 담당자의 경우 일정표에 해당 사항을 미리 기록해 두고, 주간 일정을 그때그때 정리해 둔다면 개선 방법을 논의할 때 더욱 통찰력 있는 의견을 제시할 수 있을 것이다.

또, 자신의 결정을 심사숙고해야 한다. 만약 이직을 생각 중이라면 급여 인상 외의 여러 가능한 결과를 고려해 봐야 한다. 과연 새로운 자리로 옮기는 것이 옳은가? 새 팀은 어떤 팀인가? 지금 이 결정이 향후 내 삶의 많은 측면에 어떠한 영향을 미칠까? 이 선택에 뒤따를 다음 두세 가지 결정('2차' 및 '3차 효과'라 함)에 어떠한 영향을 줄까? **앞일에 대해 깊이 생각하게 되면 예상치 못한 일에 놀라 허둥대는 일이 줄어들 것이다.** 드와이트 D. 아이젠하워Dwight David Eisenhower 대통령은 이렇게 말했다. "전장에서 계획은 아무 쓸모없지만 계획을 세우는 일은 필수불가결하다." 문제를 예측하는 법을 배우고 성공을 위한 계획을 세우는 것은 평생에 걸쳐 필요한 기술이다.

앞으로 어떤 삶이 펼쳐질지 우리는 결코 알 수 없다. 비록 미래를 내다볼 수는 없지만, 사후에 대응하기보다 사전에 미리 대응한다면 상황을 유리하게 바꿀 수 있다. 자신의 성공을 스스로 일구어 나가는 법을 배워야 한다. 1945년 미국 최초의 흑인 프로야구 선수인 재키 로빈슨Jackie Robinson과 계약한 브루클린 다저스Brooklyn Dodgers의 단장 브랜치 리키Branch Rickey[7]가 말했듯이, "행운은 계획에서 비롯된다." 우리는 항상 최종 결과에 대한 투표권을 쥐고 있는 셈이다.

성공에 이르는 최상의 기회를 잡고 싶다면 문제를 예측하라.

---

7 미국 야구 명예의 전당에 오른 메이저리그 공로자.

★ 도쿄에서 남서쪽으로 약 24마일 떨어진 미일 연합 기지인 아쓰기(Atsugi) 항공기지 활주로에서 F/A-18E 슈퍼 호넷의 이륙을 기다리고 있는 저자의 모습.

06

진행과 진전을 혼동하지 마라

★

"양이 질을 보장하지는 않는다."

탑건 교관이라면 누구나 할 일이 끊이지 않는 바쁜 삶을 산다. 우리의 일상은 아침 6시 이전에 사무실에 도착해 첫 비행 브리핑이나 강의를 준비하는 것으로 시작된다. 또한 마지막 비행 마무리 보고와 성적표 작성을 마치고 나면 보통은 밤 10시가 넘는다. 시간이 워낙 귀해서 우리 사이에서 흔히 말하는 '전투기 조종사 전용 아침'인 스니커즈 바와 탄산음료 한 캔으로 급하게 아침을 때운다. 점심 역시 다음 스케줄에 밀려 충분한 시간을 두고 여유 있게 먹는 날이 드물다. 처리해야 할 이메일, 회의, 전화 업무 역시 온종일 끊이질 않는다.

빠르게 진행되는 일정 때문에 우리는 토요일에도 쉴 수가 없다. 주말에는 주로 밀린 서류 작업을 하거나 다음 주 의제를 준비하거나 혹은 이 두 가지를 모두 다 할 때도 있다. 머더보드 일정이 잡힐 때면 일요일에도 잠시 나와야 한다. 주중에는 머더보드를 준비할 짬이 전혀 나지 않기 때문이다. 우리는 다른 기지의 훈련생을 가르치고, 우리만의 전술을 개발하거나 미국 공군, 해군 특수부대 또는 정보기관의 교관들과 함께 협동 작업을 펼치기도 한다.

나는 운이 좋았다. 아내가 탑건과 관련된 그래픽 디자인 일을 하는 덕분에 우리는 같은 건물에서 일할 수 있었다. 그 점은 참 다행이었다. 하지만 집에서보다 직장에서 서로를 보는 시간이 더 많았고, 그마저도 자주는 아니었다.

길고 빡빡한 스케줄 속에서 탑건 교관들은 시간을 최대한 효율적이고 효과적으로 쓰고자 노력한다. 우리에게는 단 1초도 낭비할 여유가 없다. 시간을 낭비하는 순간 할 일이 엄청나게 쌓인다. 우리는 상대적으로 작고 민첩한 조직이지만 막중한 책임을 지고 있기에 각자가 자신의 몫을 잘 해내야 했다.

나는 이 과정에서 아주 중요하면서도 종종 과소평가 되는 기술을 터득했다. 바로 우선순위에 대한 감각이다. 시간을 앞다투는 작업이 너무 많기에 빠른 실행이 필요한 작업과 가장 중요도가 높은 일을 선별해야 했다. 나는 동료 교관과의 빠른 상호작용을 통해 시간을 효과적으로 사용하는 법을 터득할 수 있었다.

그녀는 탑건의 수석 교관이었다. 복도에서 만난 그녀는 내가 할 일이 얼마나 많은지 푸념하자 중요한 조언을 전수하겠다며 브리핑실로 따라 들어오라는 손짓을 했다. 그녀는 마커를 손에 쥐고 화이트보드에 커다란 사각형을 그렸다. 그다음 사각형 안에 큰 더하기 기호를 그려 두 개의 열과 두 개의 행을 만들었다.

그녀는 1행 옆에 '중요'라는 단어를, 2행 옆에는 '중요하지 않음'이라는 말을 썼다. 그리고 차트의 위쪽으로 손을 옮겨 1열 위에는 '긴급', 2열 위에는 '긴급하지 않음'이라고 적었다.

그녀는 나를 힐끗 쳐다보더니 왼쪽 상단 박스를 가리키며 말했다. "이곳은 처리해야 할 긴급하고 중요한 항목들을 나타내요. 따라서 즉시 완료해야 하죠." 그리고는 이번엔 오른쪽 상단 박스를 가리키며 말했다. "여기는 중요하지만 긴급하지 않은 일들로, 생각하고 계획을 세울 시간이 있는 항목들이에요."

그다음 왼쪽 하단에 있는 박스를 가리켰다. "여기는 긴급하지만 중요하지 않은 항목들입니다. 사소한 일로 시간을 낭비할 수 있으니 조심해야 해요." 마지막으로 그녀는 오른쪽 하단에 있는 박스를 가리키며 말했다. "여기는 중요하지도

	긴급	긴급하지 않음
중요	**즉시 완료**	**계획**
중요하지 않음	**시간 낭비 주의**	**반드시 피할 것**

않고 긴급하지도 않은 항목으로, 완전히 폐기될 수도 있는 부분입니다. 무슨 수를 써서라도 이런 항목들은 피하세요."

우선순위를 정하는 과정에서 이러한 기술은 처음 보았지만 그 효과는 확실했다. 나중에 그녀에게 전해 들은 바에 따르면, 이 기술은 실제로 작가 스티븐 코비Stephen Covey의 저서 《성공하는 사람들의 7가지 습관》에 실린 내용이다. 코비는 1954년 제2차 세계교회협의회 총회에서 아이젠하워 대통령이 연설 중 강조한 아이디어를 대중화한 작가다. 이 연설에서 아이젠하워 대통령은 노스웨스턴 대학 J. 로스코 밀러J. Roscoe Miller 총장의 다음과 같은 말을 인용했다. "내겐 두 가지 문제가 있다. 바로 긴급한 문제와 중요한 문제다. 긴급한 일은 중요하지 않고, 중요한 일은 결코 긴급하지 않다."

일명 '아이젠하워 원리'에 따라 우선순위를 정하려면 급한 것과 중요한 것의 차이를 이해하는 능력부터 길러야 한다.

몇 년 후 전투기 조종석을 떠나 2년간 펜타곤에서 근무하던 시절에 나는 이 원칙의 효과를 시험해 볼 수 있었다. 그곳에서 일하면서 나는 동전의 뒷면이라도 보는 듯 새로운 사실을 알게 되었다. 펜타곤 직원들은 기나긴 근무 탓에 직장에서 지쳐갔다. 탑건에서의 업무 강도도 만만치는 않지만, 임무의 다양성 덕분에 닭장 같은 사무실 책상에 앉아 일할 때는 좀처럼 느낄 수 없는 신선함을 유지할 수 있었다.

펜타곤에서 나는 미 해군의 가장 고위급 군사 지도자인 해군 작전 참모총장의 연설문 작성을 담당하게 되었다. 그는 해군에서 진급을 거듭해 4성 장군이 된 인물이었다. 대부분의 경우 거의 40년이나 걸리는 일이다. 비록 직함은 조금씩 다르지만 육군, 해군, 공군, 해병대, 그리고 비교적 최근에 신설된 우주군Space Force에 이르기까지 미국의 모든 군대는 4성급 장군이나 제독이 지휘를 맡는다.

모든 대규모 관료 조직은 수천 개의 업무가 신속하고 효율적으로 처리되도록 각 규모에 맞는 행정 및 관리 기능이 필요하다. 하지만 조직에는 커지려는 습성이 존재한다. 조직은 시간이 지남에 따라 꾸준히 확장되고, 펜타곤도 예외는 아니었다. 펜타곤은 어마어마한 직원 수를 자랑한다. 공개된 자료에 따르면 펜타곤의 직원 수는 2만 3천 명 이상이며 계속해서 증가하는 추세다.

실제로 영국의 한 공무원이 만든 파킨슨의 법칙Parkinson's law은 단순히 존재한다는 이유만으로 대규모 조직이 얼마나 빠르게 커지는지 예측하는 수학적 공식을 제시했다(스포일러 주의: 연평균 5~7퍼센트 성장). 나는 파킨슨이 제시한 다음 법칙에 동의한다.

1. 미루고 미룬 일을 처리하는 데는 결국 1분밖에 걸리지 않는다.
2. 업무는 주어진 시간을 채울 때까지 계속 늘어지는 습성이 있다.

놀라울 정도로 많은 수를 자랑하는 펜타곤 직원들은 각자 다양한 역할과 책임을 맡는다. 그중에는 매우 바쁜 사람들도 있고, 하루 대부분의 일을 오전 11시 정도에 마치는 직원도 있다. 하지만 어떤 경우에든 그들은 온종일 오랜 시간을 책상 앞에 앉아 있다.

나의 상사는 다행히도 오전 7시 30분부터 오후 5시까지의 근무 시간을 현명하게 사용하려는 사람이었다. 어떤 상사는 길고 힘든 시간을 보내는 그 자체가 결과보다 중요하다고 믿는다. 하지만 그런 태도는 사기를 저하시킬 뿐이다.

후자와 같은 유형의 상사를 만나본 적이 있다면 내 말의 뜻을 잘 알 것이다. 즉, 상사가 사무실에 있는 한 당신도 사무실에 있어야 한다. 나는 탑건에 있을 때부터 오랜 시간 일하는 것처럼 보이기 위해 책상에 앉아 빈둥거리며 무작정 긴 근무 시간을 보내기보다는 최상의 결과를 얻기 위해 결과에 집중하는 것이 훨씬 중요하다는 것을 깨달았다.

한 조직의 분위기는 리더가 결정한다. 그리고 리더에게는 선택권이 있다. 탑건 근무를 마치고 일본에 돌아와 전투기 편대를 이끌던 시절, 나는 우리 승조원들에게 높은 수준의 작업을 기대했다. 하지만 일이 끝나면 퇴근할 시간이라고 알렸다. 또한 게으르고 이기적이기를 바란다고 말했다. 최소한의 노력으로 최상의 결과를 만들어 내야 한다는 점에서 게을러도 좋다는 뜻이었다. 이기적으로 굴라는 것은 신중하게 행동할 수 있도록 공격을 검토하고 계획할 시간을 확보하는 것이 중요하다는 뜻이다.

일의 양은 일의 질을 보장하지 않는다. 양에만 집착하면 팀원들은 지치고 사기마저 떨어진다. 리더는 팀이 효율적으로(더 열심히가 아닌 더 영리하게) 일할 수 있는 기회를 제공해서 직원들이 재충전할 시간을 줘야 한다. 이렇게 하면 직원이 가장 필요한 순간에 언제든 활용할 수 있는 여력이 생긴다.

이는 일을 처음 시작하거나 새로운 일을 시작하는 사람들에게도 중요한 교훈이다. 상사보다 더 오래 일하려고 억지로 자신을 밀어붙이지 마라. 만약 당신이 너무 일찍 출근하거나 너무 늦게 퇴근한다면 이렇게 자문해 보라. "업무상 필요하기 때문에 이러는 것인가? 아니면 그렇게 해야 할 것 같다고 생각해서 이러는 것인가?" 이제 막 고용된 입장에서 상사에게 깊은 인상을 주고 싶은 욕구는 조기에 번아웃을 일으키는 결과로 이어질 수 있다. 그렇게 되면 결국은 당신이나 당신의 상사, 그리고 조직 모두 성공할 수 없다. 자신과 자신의 팀에 맞는 일관된 속도를 찾아라. 긴급하고 중요한 항목에 시간을 쏟고 방해가 되는 항목은 과감히 피해 가라.

체력을 유지하면서도 성과를 극대화하기 위해서는 무언가 하고 있다고 해서 반드시 앞으로 나아가고 있는 것은 아니라는 사실을 알아야 한다.

2016년 여름 USS 로널드 레이건호에 탑승한 타격전투비행대 원 나인 파이브(One Nine Five) '댐버스터즈(Dambusters)'의 병사들. 당시 지휘관이었던 저자는 앞줄 중앙에 서 있다.

07

변화가 찾아올 때까지 기다리지 마라

"방아쇠를 당기지 않으면 성공 확률은 0이다."

탑건의 특징은 고위 군 지도자가 아닌 하급 장교가 각 조직의 운영을 총괄한다는 점이다. 일반적으로 미군은 엄격한 위계질서 아래에 놓여 있다. 고위 장교의 지휘하에 부대의 제반 사항이 운영되고 조직의 의제가 결정된다. 미 해군 타격전투비행대가 그 전형적인 예다. 일반적으로 함대는 장교와 사병을 포함해 약 220명의 해군으로 구성되며, 최고 지휘관이 피라미드 꼭대기에 홀로 서 있다.

지휘관은 행정 책임자인 부사령관과 최고선임 부사관인

주임원사의 도움을 받는다. 그 밑으로는 부대 운영, 유지보수 및 관리와 같은 주요 분대 기능을 감독하는 분대장부터 시작해서 다양한 계급이 있다. 분대장 밑으로는 상급 사병 지도부와 하급 장교가 있는데, 이들은 엔진 정비, 항공기 전자 시스템 유지관리, 인사 지원 등 좀 더 전문적인 기능을 처리하는 일반 승조원으로 구성된 사단師團을 담당한다. 지휘관의 지시와 결정은 조직의 위에서 아래로 전달되고, 보고서와 피드백은 거꾸로 올라간다. 이와 같은 계층 구조는 군대의 모든 부서에서 볼 수 있다. 부대마다 차이점이 있다면 고위 장교의 연공서열과 사령부의 규모 정도다.

하지만 탑건은 다르다. 미국 독립 전쟁 중 창설된 미 해군의 일부로서, 탑건 훈련 프로그램이 개설된 지도 벌써 50년이 넘었지만 탑건은 여전히 스타트업처럼 운영된다. 지휘관이 모든 것에 관여하는 대신 하급 장교가 우선순위를 정하고, 탑건의 전문적 기준을 유지하며, 일상적인 업무를 지도한다. 탑건은 훈련 담당자와 표준화 담당자라는 두 명의 지도자 체계를 갖추었다.

훈련 담당자는 보통 팀에서 가장 오래 근무한 교관 중 선발하며 실질적인 수석 리더 역할을 한다. 이들은 전략을 지도하고, 프로그램 일정을 짜고, 교관의 역할에 대한 중요한 결정을 내린다. 또한 인력 개발 및 직무 할당을 맡아 교관에게 개인적·직업적 성장 기회를 제공한다.

또 다른 장기 재직 교관인 표준화 담당자[Stan-O]는 부하 교관들에게 강의를 할당하고, 머더보드 일정을 수립하며, 함대 전술과 관련된 주요 결정이 어떻게 내려졌는지 등 탑건의 제도에 대한 기록을 보존하는 역할을 한다. 표준화 담당자는 내부 규칙을 위반한 교관에게 벌금을 부과하기도 한다. 예를 들어 회의에 지각하면 1분마다 1달러를, 성적표를 늦게 제출하면 벌금을, 영화 〈탑건〉의 대사를 인용하면 5달러를 부과한다.

일반 회사의 이사회와 마찬가지로 표준화 위원회는 직급에 상관없이 가장 오래 근무한 하급 교관 10명으로 구성된다. 이들이 전적으로 상위 단계의 의사 결정을 책임진다. 모든 교관이 표준화 위원회 회의에 참석하지만, 오직 위원회 구성원만이 50만 명의 미 해군과 해병대원이 쓰는 새로운 전술을 승인할지에 대한 투표권을 갖고 있다. 표준화 위원회는 현재 전술을 비롯해 신형 전투기, 공중 및 지상 발사 미사일, 새로운 전술 도입 등 외국의 군사력 변화로 인해 발생하는 최신 위협을 고려한다. 또한 잠재적으로 수반될 광범위한 결과를 예측하여 업데이트를 결정하기 전에 변경 사항이 필요한지 여부를 신중히 결정한다.

앞서 언급한 바와 같이 모든 교관은 훈련생을 교육하고, 가르칠 과목을 숙달하고, 탑건을 대표해 외부 조직을 만나는 등 여러 일상 업무를 수행할 책임이 있다. 무엇보다도 전문 조직의 구성원으로서 탑건 교관의 가장 신성한 역할은 그들 자신, 훈련생, 그리고 탑건이라는 기관 전체를 위한 기준을 지키는 것이다. 어느 부분에서 조금이라도 이상한 점이 발견되면 탑건 교관은 다른 사람이 나서서 해결해 줄 때까지 기다리지 않는다. 적극적으로 문제를 확인하고 그 자리에서 직접 해결하고자 한다.

다른 비행대대와 마찬가지로 탑건에는 최근 일선 함대 편대를 지휘한 해군 고위 지휘관인 '분대장'이 있다. 대부분 탑건 교관 출신인 분대장은 자신의 경험과 관점을 나누며 하급 장교들의 멘토 역할을 한다. 또한 고위 군사 조직과의 회의에서 팀을 대표하기도 한다.

최고 지휘관은 솔선수범하여 머더보드 일정을 관리하고, 강의하고, 훈련 비행 중인 훈련생을 지도하는 업무를 담당한다. 요컨대 최고 지휘관은 탑건이라는 조직의 핵심이지만, 이들의 역할은 무엇보다도 교관이 세계적인 수준의 전투기 조종사를 배출하는 데 집중할 수 있도록 제반 사항을 돌보는 것이다. 또한 탑건에는 지휘관의 외부 회의와 타 조직과의 관계 지원을 위해 실제로 행정 업무를 담당하는 행정관(일반적으로 전직 교관)이 있다.

2년 반 동안 교관으로 일하면서 나는 탑건의 '수평적인', 즉 위계적이지 않은 조직 문화에 대해 감사하게 생각했다. 물론 사람들이 모인 자리에서는 계급의 차이를 확실히 존중하여 적절한 존칭을 사용했다. 하지만 우리는 서로에게 동료였고 모두가 동등한 목소리를 냈다. 조직의 최고 책임자가 좋은 아이디어를 독점하지 않았기에 주어진 주제에 해박한 사람이 있으면 직급에 상관없이 그의 의견을 경청했다.

다른 군부대라면 어떤 일을 특정 방식으로 처리해야 하는 이유를 두고 의문을 제기하는 부하 병사의 질문에 이렇게 답할 것이다. "지금 내가 그렇게 하라고 명령했잖아." 혹은 "우리는 항상 그렇게 해 왔다." 부하 병사에게 의문은 그만 제기하고 눈앞에 있는 일에나 집중하라는 뜻으로 다음과 같이 좀 더 세게 답변할 수도 있다. "조용히 하고 시키는 대로 해." 또한 "자네 의견이 필요하다면 그때 물어보겠네."라고 말하는 상관도 어딜 가나 있기 마련이다.

때때로 그러한 대답이 퉁명스럽거나 농담조로 들리기도 하지만 어떤 경우든 결과는 부정적이다. 이런 반응을 얻은 부하 병사는 좋은 아이디어와 질문이 있어도 입 밖으로 꺼내지 않게 된다. 불행하게도 이 같은 문화는 쉽게 조직에 스며들어 그저 할당된 일에만 최선을 다하고 그 이상의 노력은 기울이지 않는 현상이 모든 계급에 나타난다. 그 결과, 군대는 전반적으로 현상 유지에는 매우 뛰어나지만, 새로운 기술을 수용하거나 변화하는 세계 정세에 대응하는 속도가 훨씬 더뎌진다.

그러나 비교적 수평적인 조직인 탑건은 많은 군사 사령부에서 나타나는 특징인 지적 침체를 피할 수 있었다. 우리는 전투에서 미국에 도전장을 내민 사람들이나 적군보다 적어도 한 발 앞서 나가도록, 현 상태에 머물지 않고 늘 적극적으로 도전하도록 가르침을 받았다. 자존심을 상하게 하는 것은 허용해도 전투에서 지는 것은 용납하지 않았다. 따라서 혁신과 효율성을 가로막는 모든 장애물은 무시되었다.

탑건 교관 시절 나는 대부분의 교관들과 마찬가지로 최하급 장교라 할 수 있는 중위였다. 하급 장교로서 막중한 책임을 맡은 경험 덕분에 탑건을 떠난 후에도 내 경력 전반에 걸쳐 실질적인 변화를 추진하는 데 별다른 두려움이 없었다.

지난 20년 동안 일반 승조원에서부터 해군 고위 장성, 기업 대표에 이르기까지 많은 사람을 만나 대화를 나누거나 직접 관찰할 기회가 있었다. 그들은 결코 오지 않을 어떤 순간을 기다리느라 훌륭한 아이디어가 있어도 실행을 주저하곤 했다. 한 승조원은 해군이 연간 수천 달러를 절약할 수 있는 서류 정리 시스템을 만들었지만 이것을 공개하기까지 2년이나 걸렸다. 잘난 척하는 신참으로 보이고 싶지 않았기 때문이다.

또 한번은 펜타곤에서 한 해군 대령과 함께 점심 식사를 했는데, 그는 발령지 이동 시 군인 가족이 필요로 하는 지원을 받을 수 있도록 돕는 훌륭한 아이디어를 갖고 있었다. 하지만 그는 장군이 될 때까지는 자신의 아이디어를 제안하지 않을 거라고 했다. 그는 결국 장군이 되지 못했고, 좋은 아이디어도 그와 함께 퇴역했다.

이러한 일화는 나와 함께했던 군인들로부터 들은 수백 개의 훌륭한 아이디어 중 극히 일부일 뿐이다. 이들의 아이디어는 대부분 실현되지 않았다. 사람들은 대개 스스로 정한 어떤 높은 자리까지 도달해야 필요한 변화를 구현할 수 있다고 생각한다. 단지 실패가 두려워서 피하는 경우도 있다. 어쨌거나 대부분의 경우 그들은 목표로 삼은 계급까지 올라가지 못한다.

어떤 직업을 갖고 있든지 간에 규모가 큰 하향식 조직에서 일한다면 도전적인 행동을 취하는 것 자체가 사실 쉬운 일은 아니다. 새로운 것을 시도해야 할 이유는 너무 적어 보이는 반면, 새로운 것을 시도하지 말아야 할 이유는 차고 넘치기 때문이다.

하지만 나는 한 가지 확실한 사실, 즉 인생에서는 그 어떤 것도 보장되지 않는다는 것을 깨달았다. 행동으로 옮길 완벽한 타이밍을 기다리는 것은 행동하지 않겠다는 뜻이기도 하다. 전투기 조종사들이 말하듯이 "총을 쏘지 않으면 성공 확률은 0이다." 계산된 위험을 감수해야 성공할 수 있다. 우리의 일과 삶 모든 단계에서 대담하고 중요한 일을 할 수 있는 용기를 길러야 한다. 용기와 자신감은 마치 근육과 같아서 처음 사용할 때는 불편하지만 시간이 지날수록 더 강해진다. 행운은 대담한 자의 편이다. 위험을 감수하지 않으면서 보상을 기대해서는 안 된다. **기다리기보다는 적극적으로 나서서 변화를 추구하라.**

★ 승조원이 F/A-18기의 이륙 준비가 완료되었다는 신호를 보내고 있다. 비행갑판에는 내성적인 사람이 설 자리가 없다. 승조원들은 안전에 위협이 될 수 있는 상황을 발견할 경우 큰 소리로 알려야만 한다.

★ 2016년 12월 일본 아쓰기 항공기지에서 지휘관 교체 연설을 하고 있는 저자의 모습.

08

언제나 윙맨을 두어라

"홀로 비행하면 홀로 죽는다."

영화 〈탑건〉 1편에서는 근접 공중전에 참여하는 훈련생 네 명이 등장한다. 매버릭Maverick과 구스Goose가 한 조를 이루고, 할리우드Hollywood와 울프맨Wolfman이 다른 한 조를 이루어 탑건 교관 중 가장 까다롭기로 유명한 수석 교관인 바이퍼Viper 중령과 제스터Jester 소령을 상대로 각각 정면 대결을 펼친다.

훈련생들이 두 명의 교관 뒤에서 교전을 벌이기 위해 이동했고, 모든 것이 순조롭게 시작되는 듯했다. 모의전이 곧 끝날 것처럼 보였던 그 순간, 바이퍼와 제스터가 서로 다른 방향으로 전투기를 틀기 시작했다. 윙맨 역할을 하던 매버릭이 앞장서던 할리우드로부터 멀어지도록 교묘히 함정을 설계한 것이다. 이렇게 되면 리드를 하고 있는 할리우드와 매버릭 모두 상대편에 노출되어 공격받기 쉬워진다.

교전 초기 매버릭은 현명하게 행동했다. 그는 훈련받은 대로 제스터 소령을 상대하면서도 할리우드를 잘 호위하고 있었다. 이것이 가장 빨리 승리하는 길이었다. 일단 제스터 소령을 물리치고 나면 그들은 계속해서 바이퍼 중령과도 싸울 수 있었다.

그런데 매버릭이 욕심을 부리기 시작했다. 그는 바이퍼 중령이 가장 만만치 않은 교관임을 잘 알고 있었다. 따라서 그를 쓰러뜨리는 것은 중요한 승리의 지표였고, 매버릭은 영광을 원했다. 구스가 멀리서 바이퍼의 전투기를 보았을 때, 매버릭은 승리를 거머쥐기 위해 전력을 다했다. 할리우드를 호위하는 위치에서 벗어나 매버릭은 일대일 전투로 바이퍼 추격에 나섰다.

결과는 어떻게 됐을까? 할리우드는 패했다. 처음부터 유인책 역할을 하던 바이퍼 중령과 함께 제스터 소령이 매버릭을 공격하기 위해 뒤에서 다가왔고, 매버릭과 구스는 제스터 소령이 오는 것을 보지 못했다. 매버릭의 방종함은 확실한 승리로 이어졌을지도 모를 두 번의 가능성을 패배로 바꾸어 놓았다.

패배 후 지상으로 돌아온 훈련생들(매버릭, 구스, 할리우드, 울프맨)이 라커룸에 모여 침울해 하고 있을 때, 비행 장비를 착용한 제스터 소령이 걸어 들어왔다. 승리를 거머쥔 제스터는 흐뭇한 표정으로 의기양양하게 걸어 들어올 법도 했다. 하지만 그에게는 전혀 그런 기색이 없었다. 그는 오히려 화가 난 표정으로 매버릭에게 한바탕 퍼부었다. "내가 지금까지 본 것 중 최고의 비행이었어. 자네가 격추당하기 전까지 말이야. 이봐, 앞으로는 절대 윙맨[8]의 위치에서 벗어나지 말게."

영화 〈탑건〉에 자문을 제공한 실제 탑건 교관들이 영화에 이 장면을 반드시 포함해야 한다고 주장한 데는 이유가 있다. 실제 전투 상황을 정확하게 반영했기 때문이다. 조종사

---

8 Wingman. 항공기 대열의 위치 정보를 알리는 사람으로, 남녀 모두 중성적 단어인 '윙맨'으로 불린다.

가 혼자 두려움 없이 하늘을 날고 있을지라도 안 좋은 일은 언제든 생길 수 있으며, 실제로 그런 상황이 드물지 않게 발생한다. 조종사는 본인 전투기 바로 뒤편인 '6시 방향'을 확인할 수 없기 때문이다.

나는 탑건 훈련생 시절 그것을 뼈저리게 배웠다. 우리는 '디비전 셀프 에스코트 스트라이크division self escort strike'라 불리는 임무를 수행하고 있었다. '디비전division'은 4대의 항공기가 함께 작전을 펼치는 해군 용어다. 셀프 에스코트 스트라이크에서 아군 역할을 맡은 전투기는 목표물까지 가는 길에 적기와 교전을 벌이고, 폭탄을 투하하며, 모의 공격인 지상 발사 미사일에 맞서 자신을 방어해야 한다. 또한 목표물에서 돌아오는 길에 적기를 만나면 또다시 싸워야 한다. 이 한 번의 비행에서 모든 기술을 연습할 수 있기 때문에 가장 복잡하고 어려운 임무 중 하나다. 물론 기대되고 흥분되는 교전이기도 하다.

이날 우리는 시속 약 550마일로 27,000피트 상공을 날고 있었다. 나는 B-17(또는 '브라보-17') 훈련장에서 표적 연습에 사용되는 낡은 탱크 몇 대에 폭탄을 투하하는 임무를 맡은 네 대의 전투기 중 하나에 타고 있었다. 그날 나는 편대의 맨 왼쪽 위치에 배정되었다. 내 전투기에서 3시 방향으로 내다보면 다른 전투기들이 멀리 줄지어 있는 모습을 볼 수 있다는 뜻이다. 우리는 서로 흩어져 있었고, 이 대형은 다음과 같은 두 가지 이점을 제공해 주었다.

첫 번째 이점은 적기가 우리 모두를 한 번에 발견하기 어렵다는 것이다. 전투기 한 대를 발견하더라도 다른 세 대를 찾아야 하고, 목표물이 전부 분산된 상황에서 나머지 전투기를 찾기는 쉽지 않다. 두 번째 이점은 우리 사이의 거리를 유지함으로써 레이더를 비롯한 정보 시스템에 집중할 수 있게 된다. 만약 서로 몇 피트밖에 떨어져 있지 않았다면 충돌을 방지하기 위해 간격을 유지하는 데 집중하느라 정보 시스템에 소홀해지기 쉽다.

우리가 목표물을 향해 서쪽으로 향하는 동안 레이더에 적기가 탐지됐다. 나는 다른 전투기들의 위치, 지상 위협, 표적의 위치를 나타내는 상황 디스플레이와 레이더 디스플레이까지 전부 스캔했다. 8,700피트가 넘는 산악 지형을 비행하고 있었기 때문에 레이더 화면을 주시하는 것이 중요했다. 위험 요소가 있다면 그곳에 가장 먼저 나타나야 했다.

레이더 신호는 물체에 의해 차단된다. 근방에 여객기가 있다면 내 전투기와 여객기 사이에는 공기밖에 없기에 별문제가 없다. 레이더 신호가 여객기 금속 표면에 반사되어 내 레이더 화면에 정확히 표시되기 때문이다.

하지만 산악 지형은 모든 것을 까다롭게 만든다. 적기 역할을 하는 기민한 조종사들은 우리 레이더에 포착되지 않기 위해 산 옆의 낮은 고도에서 비행할 것이다. 그런 다음 우리가 그들 머리 위로 날아가는 것을 발견하면 어느 틈에 고도를 높여 우리 뒤로 몰래 다가와 멋진 한 방을 날릴 것이다. 대부분의 경우 아군기 조종사들은 그들을 보지 못한다. 이 작전은 놀라울 정도로 효과적이다. 내가 훈련 비행 중 거의 명중 당할 뻔한 적도 바로 이런 유형의 작전 때문이었다.

레이더 화면에 아무것도 보이지 않자 나는 폭탄 투하 전 공대지 모드로 전환하기 위해 체크리스트를 확인했다. 그때 헬멧의 이어폰에서 소리가 들려왔다.

"헌터Hunter 1-4, 오른쪽으로 꺾어라. 5시 방향, 1마일 거리에 보기Bogey 발견!"

여기에서 '보기'란 미확인 전투기를 가리키는 2차 세계대전 당시 사용된 속어다. 다시 말해, 내 전투기 1마일 뒤에서 약간 오른쪽으로 미확인 전투기가 등장했음을 알리는 다급한 교신이었다.

나는 조종간을 오른쪽으로 세게 돌려 조명탄을 발사한 다음, 적의 전투기를 필사적으로 살피면서 공격적인 하이-G로 하강하기 시작했다. 사냥꾼을 뜻하는 내 전투기 '헌터'가 반대로 사냥감이 된 순간이었다. 물론 나는 이 상황이 전혀 달갑지 않았다. '적기가 어디에 있었던 거지?' 나는 아무것도 보지 못했다. 하지만 내 오른편의 윙맨은 적기를 보았고, 공격하기 위해 힘껏 방향을 틀었다.

저기다! 고개를 돌리자 내 뒤를 따라오는 보기가 보였다. 희소식은 내가 그를 발견했다는 것이었고, 끔찍한 소식은 그가 나를 뒤쫓고 있다는 것이었다. 다행스럽게도 윙맨 덕분에 나는 빠르게 우위를 점할 수 있었다. 몇 초 후 그토록 듣고 싶었던 말이 교신을 통해 들려왔다. "오른쪽으로 선회해 적을 죽여라." 윙맨 덕분에 나는 위기를 모면했다. 우리 네 명은 대형을 재형성하여 곧 목표물 위에서 지상으로 폭탄을 날렸다. 미션 성공.

이 훈련은 조종사 경력 전반에 걸쳐 반복적으로 진행된다. 윙맨과 함께 비행하는 조종사는 생존 확률이 훨씬 더 높아진다. 윙맨이 없으면 목숨을 운에 맡겨야 하고, 생존 확률은 낮아진다. 홀로 비행하면 홀로 죽는다.

해군에서 근무한 20년 동안 나는 윙맨의 도움을 여러 번 받았다. 이라크 상공에서의 공중 충돌에서도, 기내 비상 상황에서도, 무선 통신이 고장 났을 때도 나는 윙맨의 도움을 받아 매일 밤 안전하게 집으로 돌아갈 수 있었다. 윙맨은 또한 특별히 힘든 프로젝트를 지원해 주거나 어려운 도전에 직면했을 때 유용한 팁을 전수해 주는 등 조종석 밖에서도 든든한 존재가 되어 주었다. 윙맨은 조종사가 주변을 살피고, 문제를 예측하고, 혼자서는 생각해 낼 수 없는 더 나은 해결책을 찾을 수 있도록 돕는다.

펜타곤에 근무하며 매티스 장관 밑에서 일하는 동안 나는 이러한 윙맨의 중요성을 더욱 확실히 깨닫게 되었다. 미군은 전 세계적인 책임을 지고 있으며, 그러한 책임은 하루 24시간, 일주일에 7일, 일 년 365일 연중무휴다. 너무 많은 정보가 난무하고 너무 많은 지도자가 관련되어 있기 때문에 어떤 사람도 모든 세부 사항을 완전히 파악하기란 불가능하다. 회의를 마치고 잠시 들른 동료가 건넨 말들("방금 매티스 장관과 회의했는데 중동이 병력 수준을 바꾸고 있대.", "글로벌 사이버 작전 활용과 관련해 결정이 났대.")이 내겐 귀중한 정보가 되었다. 펜타곤 구석구석에 나의 윙맨을 배치한 덕분에 내 능력을 최대한 발휘할 수 있었을 뿐만 아니라 매티스 장관과 나머지 팀원에게도 최신 정보를 제공할 수 있었다. 동료들의 통찰력과 도움이 없었다면 나는 분명 실패했을 것이다.

어떤 직업에 종사하든 장기적인 성공을 원한다면 외부의 도움이 필요하다. 당신의 6시 방향을 지켜주고, 당신이 가장 필요로 할 때 항상 곁에 있으며, 당신이 가치관에 반하는 일을 할 때면 서슴없이 충고를 건네줄 신뢰할 만한 윙맨과 긴

밀한 네트워크를 형성해 두길 바란다. **내가 듣고 싶은 말보다는 들어야 할 말을 기꺼이 건네는 친구는 금보다 값진 법이다.**

일터에서도 인간관계를 발전시켜야 한다. 당신에게 진실을 말해 줄 수 있는 신뢰할 만한 동료를 찾고, 상대방에게도 그런 동료가 되어라. 서로를 지지해 주고, 누군가 일 때문에 어려움을 겪고 있으면 주저 말고 기꺼이 도와라. 그들은 당신의 도움에 감사할 것이고, 이는 당신의 평판은 물론 긍정적인 팀 환경을 구축하는 데도 큰 도움이 될 것이다. 상황이 어려울 때는 **항상 윙맨을 두어라.**

2016년 미 해군 전투기 조종사로서 마지막 '트랩(어레스티드 랜딩)'을 위해 로널드 레이건호에 착륙하고 있는 저자의 모습.

09

중요한 것은 앞쪽에 배치하라

"가장 중요한 메시지는 먼저 전하고 자주 언급해야 한다."

나는 화이트보드에 검은색 원 세 개와 검은색 네모 하나, 그리고 빨간색 삼각형을 그린 후 자를 대고 네 개의 검은색 직선을 그어 각 도형을 연결했다. 이것이 오늘의 공격 노선이었다.

두 개의 검은색 원을 연결하는 첫 번째 선은 우리가 목표물을 향해 전진할 때 비행하는 지점을 나타낸다. 다음의 검은색 네모는 우리의 '분기점'을 의미한다. 즉, 목표 지역을 향해 마지막으로 방향을 트는 지점이다. 분기점은 또한 공중

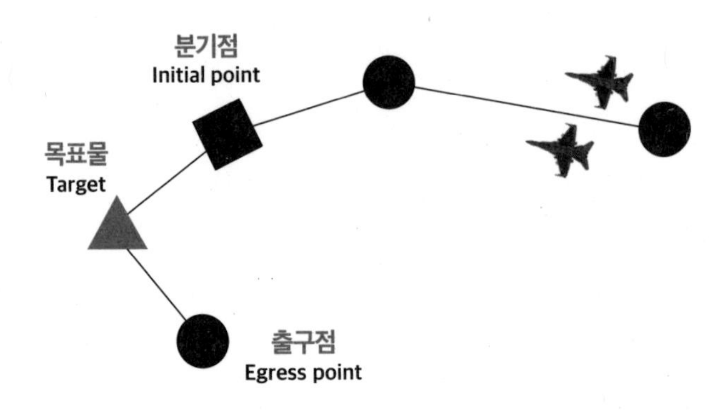

전에서 폭격 준비로 태세를 전환하는 곳이기도 하다. 빨간색 삼각형은 우리의 목표물인 두 대의 낡은 항공기가 위치한 곳을 나타낸다. 이 항공기는 라스베이거스에서 북서쪽으로 270마일 떨어진 사막 한가운데 위치한 활주로Bravo-17에 주기되어 있다. 마지막 선은 목표물에서 세 번째 원, 즉 '출구점'으로 이어지는데, 목표물을 벗어나 안전지대로 향하는 지점이다. 그림을 막 완성하던 차에 담당 교관이 들어왔다. 그는 화이트보드에 그려진 내 그림을 감상이라도 하듯 고개를 끄덕이며 소파에 털썩 주저앉았다. 그는 오늘 모의전에서 나의 윙맨이 될 것이다.

3분이 지나고 정시가 되자 나는 브리핑을 시작했다.

"아아, 시작하겠습니다. 현재 시각은 오전 7시입니다. 오늘의 임무는 활주로 동쪽에 주기된 두 대의 항공기를 파괴하는 브라보-17에 대한 자체 호위 공격입니다. 공격 경로를 따라 적의 해안 항공 순찰대를 관찰한 결과, 진입로에서의 교전이 예상됩니다. 물론 퇴로에서도 교전 가능성이 있습니다. 큰 그림을 그려 보자면, 가장 중요한 과제는 이 항공기들을 반드시 파괴하는 것입니다. 따라서 오늘의 임무 수행 중 높은 수준의 위험도 기꺼이 감수하겠습니다. 어떤 이유로든 우리가 분리되거나 둘 중 한 명이 추락해도 남은 한 명은 지정된 항공기를 파괴하기 위해 목표물로 계속 전진해야 합니다."

포커페이스에 능한 교관이 자신의 클립보드에 메모를 몇 개 써 내려갔다. 탑건 교관들은 항상 브리핑을 지원하기 위해 몇 페이지에 달하는 메모를 작성한다. 그것도 우리 일이 가진 매력 중 하나다.

나는 그에게 비행 중 사용할 무선 주파수, 자세한 공격 경로, 목표물 등 임무의 세부 사항을 설명했다. 또한 그날 예상

2008년 일본에서의 첫 파견 복무 당시 타격전투비행대 원 제로 투(ONE ZERO TWO) 부서장으로 근무하면서 비행 브리핑을 진행하고 있는 저자의 모습.

되는 적기인 러시아제 미그-29(F/A-18기로 시뮬레이션)에 대해서도 자세히 설명했다. 우리의 유일한 행운은 목표물 근처에 배치된 지대공 미사일의 위협이 최소한으로 평가된다는 것이었다. 브리핑을 마친 후 우리는 비행 대기선으로 향했고, 전투기에 시동을 걸고 약 한 시간 후 이륙했다.

이내 우리는 관례적인 통신을 주고받았다. “적기 서쪽 배치 완료.” 이는 적기 역할을 할 전투기들이 제자리에서 교전을 시작할 준비가 되었음을 의미한다. 우리는 대답했다. “알겠습니다. 테이프 온Tape on, 교전을 시작합니다.” 이는 윙맨에게 비디오 레코더를 켜라고 상기시킴과 동시에 공식적인 교전 시작을 알리는 콜사인이다. 비디오 녹화를 하지 않으면 전투 비행이 종료된 후 브리핑이 불가능하다. 이 경우 교전 결과와 상관없이 다음 날 다시 교전을 시작하도록 자동으로 ‘재비행’ 명령이 떨어진다.

나의 자동 전개 지시에 따라 교관이 약간의 거리를 두고 전투기 위치를 내 왼쪽으로 옮겼다. 우리는 둘 다 조종석에서 바쁘게 움직였다. 레이더 디스플레이를 확인하고, 흰색 비행운과 같이 적기가 남기는 흔적을 찾으며, 누군가 우리 뒤로 몰래 다가가고 있지는 않은지 서로의 전투기 뒷부분을 주시했다.

임무 일정상 폭탄이 목표물에 명중해야 하는 '목표물 도달 시간'을 지켜야 한다. 일찍 도착할 것 같으면 엔진 스로틀을 뒤로 조금 당겨 비행 속도를 낮추고, 늦어지고 있을 경우 스로틀을 조금 앞으로 밀어 속도를 높여야 한다.

얼마 지나지 않아 우리는 첫 상대를 마주했다. 시뮬레이션 미그-29 펄크럼Fulcrum기 2대가 우리를 향하고 있었다. 교관이 먼저 미사일을 한 방 날렸다. 하지만 그때까지 내가 레이더상에서 아무것도 포착하지 못했기 때문에 잠시 후 교관이 두 번째 미사일 공격을 했다. 두 미사일이 적기 두 대를 각각 추격하도록 만들기 위해서였다. 막판에 내 레이더 화면에도 적기가 포착됐지만 아군기와 적기 네 대가 서로 뒤섞여 지나쳐 가기 전까지 공격할 타이밍을 잡지 못했다. 나는 서쪽으로 향했고 적기는 동쪽으로 향했다.

적기 중 하나가 날개를 흔들었다. 이는 미사일을 맞고 '죽

었음'을 인정하는 표시다. 그러나 다른 한 대가 남아 있었다. 그는 뒤로 돌아 우리를 향해 공격적으로 돌진해 왔다. 나는 교전을 위해 전투기를 돌렸다. 남아 있는 적기의 조종사는 매우 훌륭했다. 정말로. 덕분에 이 도그파이트를 끝내기까지 매우 오랜 시간이 걸렸다. 나는 원 없이 모의 AIM-120 미사일을 발사했을 정도로 수많은 시도 끝에 겨우 적기를 명중시켰다. 안도의 한숨이 나왔다.

임무는 계속되었지만 한 가지 빠진 것이 있었다. 나의 윙맨이 보이지 않았다. 교전 중 어느 시점에 우리는 서로의 시야에서 사라졌다. 상황판을 보고 나는 그가 6마일 정도 앞에 있음을 알았다. 공중전이 길어지면서 나는 제시간에 목표 지점에 도달하지 못할 것이 분명했다. 하지만 나의 윙맨은 시간 내에 도달할 것이었다. 그는 내가 브리핑에서 지시한 대로 따랐다. "어떤 이유로든 우리가 분리되거나 둘 중 한 명이 추락해도, 남은 한 명은 지정된 항공기를 파괴하기 위해 목표물로 계속 전진해야 합니다."

나는 지대공 미사일의 사정거리에서 벗어나 그를 뒤따랐

다. 교신에 신경 쓰는 한편 추가 접촉이 있는지 레이더를 확인하면서 그가 목표물을 명중시킨 후 도달할 지점으로 향했다. 몇 분 후 그의 콜사인이 들려왔다. "쇼타임 원-투. 밀러 타임Miller time, 밀러 타임." 그가 폭탄을 투하하고 목표 지역을 빠져나오고 있다는 뜻이었다. (즉, "임무 완수. 맥주 한잔할 시간입니다"라는 말이다.)

우리는 레이더를 이용해 대형을 다시 형성했고 안전지대로 방향을 틀었다. 나가는 길에 마주친 적기를 멋지게 해치우기도 했다. 임무를 완수했고 연료도 부족한 상태였기에 우리는 기지로 향했다. 돌아가는 길에는 별다른 일이 없었다. 우리는 착륙한 후 서류 작업을 마치고 마무리 보고를 위해 기지 안으로 들어갔다.

모든 것이 순조로웠다. 탑건에서의 첫 몇 달 동안 나는 브리핑에 철저해야 한다고 배웠기 때문에 비행의 행정적인 부분과 임무 중 배운 교훈을 설명하는 데 더욱 신경을 썼다. 적기 역할을 한 조종사가 회의실에 들어왔고, 우리는 목표물 근처에서 발생한 공중전에 대해 논의하기 시작했다. 적기는 전부 파괴되었고 두 대의 아군기는 모두 살아남았다. 최상의 결과였다.

이 시점에서 우리는 목표 영역 내 성과에 대해 논의했다. 내가 없는 동안 나의 윙맨 역할을 맡았던 교관이 GPS 유도 모의 폭탄으로 항공기 두 대를 성공적으로 파괴했다. 전체적으로 보면 임무 완성에 준하는 좋은 결과였다.

내 몫의 보고를 잘 마친 후 교관이 내가 놓친 점을 보충하기 시작했다. 아무리 열심히 해도 항상 완벽하지는 않았다. 그는 내가 놓친 것들을 다시 훑었고, 더 나은 다음 비행을 위해 필요한 몇 가지 기술을 설명해 주었다. 그러고선 가장 중요한 결론을 말했다. 내가 그 임무를 다시 수행해야 한다고 말이다. 전반적인 목표를 달성했음에도 불구하고 어쨌든 나는 목표 지점에 도달하지 못했고, 나는 다음 비행을 진행하기 전에 무기를 발사하는 능력을 평가받아야 했다. 그러나 이번 비행에서 내가 한 가지 확실하게 잘한 것이 있다면 바로 매우 명확한 브리핑이었다.

"버스Bus, 오늘 브리핑은 정말 잘했네." 그가 말했다.

"훈련생들이 셀프 에스코트 스트라이크 비행에 필요한 세부 사항에 몰두하느라 수렁에 빠지는 것은 흔한 일일세. 훈련생들은 한 섹션에 너무 많은 시간을 할애하는 경향이 있지. 당연히 나머지 섹션에 대해서는 설명할 시간이 부족해져. 하지만 자네는 오늘 그 문제를 잘 피해 갔어."

그는 계속해서 말했다. "더 중요한 것은 자네가 브리핑에서 가장 중요한 부분을 맨 앞에 설명해서 목표물 파괴가 필요했음을 분명히 했다는 것일세. 이후 그것을 몇 번이나 더 강조했지! 우리가 어떤 이유로 분리되면 기회의 창이 닫히기 전 목표물에 도달하는 것이 내 의무라는 점을 확실히 강조한 것이네. 만약 자네가 그것을 언급하지 않았다면, 이번 공중전은 성공이 아니라 실패가 됐을 걸세."

그의 말이 내 머릿속에 맴돌았다. **중요한 것을 먼저 강조하라.**

펜타곤에서의 첫 직무를 담당하는 동안, 중요한 것은 먼저 배치하라는 뜻의 '핵심 요약bottom line up front, BLUF'이라는 군사 용어를 배웠다. 대부분의 고위 관리자와 직원들은 복잡한 주제를 다룰 때 상황 업데이트를 길게 작성해 이메일을 보내는 경향이 있다. 하지만 이메일 상단에는 늘 'BLUF'라는 단어와 함께 간추린 내용이 적혀 있다. 메시지의 핵심 내용을 간결히 요약한 후, 나머지 세부 내용을 작성하는 방식이다. 이는 고위 지도자들이 요점을 놓치지 않게 만드는 방법으로, 전달할 메시지가 여러 건일 때 더욱 유용하다.

나의 상사인 해군 작전 책임자는 연설문을 작성할 때 중요한 부분을 앞에 언급하라고 내게 끊임없이 상기시켰다. 나는 배경부터 설명하고 이후 결론을 설명하는 버릇이 있었다. 하지만 이를 개선하여 가장 중요한 부분을 앞에 배치하고, 이후 연설이 진행되는 과정에서 추가 정보를 제시하는 방향으로 연설문을 작성하기 시작했다. 그리고 가장 중요한 대목은 세 번 정도 강조를 했다. 맨 처음에 한 번, 중간에 한 번, 그리고 다시 상기시키기 위한 목적으로 결론에서 한 번 더 언급했다. 중요한 것은 앞에 배치하라는 상사의 지도와 탑건에서 배운 교훈들은 나의 전 경력에 걸쳐 좋은 영향을 끼쳤다.

정보가 차고 넘치는 이 시대에 사람들의 관심을 끌기 위해 수많은 것이 서로 경쟁하고 있는 상황에서 정작 중요한 정보는 소음 속에 묻히기 십상이다. 군인이든 일반인이든 관계없이, 효과적인 의사소통은 리더의 위치에 있는 모든 사람에게 가장 어려운 일상 업무 중 하나다. 전체 조직을 조정하고 임무를 완수하기 위해 협력하는 것은 상당히 어려운 일이다. 리더라면 팀원들의 짐을 덜어 주기 위해 최선을 다해야 한다. BLUF를 기억하라. 모든 메시지, 이메일, 토론의 시작 부분에는 핵심 정보가 들어가야 한다.

가장 중요한 메시지를 먼저(자주) 전달함으로써 당신이 가장 중요하게 생각하는 것이 무엇인지 주변 사람들이 이해할 수 있게 해야 한다. 빙빙 돌려 말하지 말고 언제나 **중요한 것을 가장 먼저 언급하라.**

★ USS 칼 빈슨호의 비행갑판 위 3번 캐터펄트 우측에 서 있는 승조원들. 비행갑판은 제트기 소음과 공공 안내 방송으로 정신이 없기 때문에 승조원들은 시간 효율을 위해 가장 중요한 말부터 해야 한다.

10

적극적으로 나서서 친구를 만들어라

★

**"일찍 그리고 자주 인맥을 쌓아야 한다.
필요한 것을 얻기 위해서가 아니라 진정으로
그들을 더 알고 싶다는 마음으로."**

나는 성큼성큼 회의실로 들어갔다. 그날은 공중전 전술에서 비약적인 발전을 거둘 수 있는 중요한 날이었다. 또한 중요한 교훈을 하나 더 얻은 날이기도 했다. 이날 나는 고성능 전투기를 조종하는 것과는 별개로 팀의 일원으로서 역할을 잘 수행하는 것이 얼마나 중요한지를 깨닫게 되었다.

당시 공대공 임무 계획의 전문가로 활약했던 나는 미 해군과 해병대의 타임라인을 참고하여 탑건의 타임라인을 수립하는 일을 맡았다. 관련된 정보의 양이 워낙 방대하기 때문에 타임라인 관리는 매우 중요한 일이었다. 조종사들은 전투 중 어떤 범위에서 어떤 행동을 취할 것인지를 이 타임라인을 통해 결정한다. 이 모든 것은 상대 전투기의 역량, 고도, 그리고 비행 속도에 기초한다. 타임라인은 공중전에서 전투기의 특정 행동 완료 시기, 적을 향한 조준 및 발사 거리, 적기의 사격을 피하기 위해 선제적 방어 태세로 전환하는 시점 등에 대한 규칙을 제공한다.

지난 7개월 동안 나는 탑건이 1980년대 구소련 시대의 공중전 전술에서 벗어나 적군의 최신 전투기와 미사일을 격퇴하는 데 필요한 훨씬 더 발전된 형태의 전술을 도입하도록 최선을 다했다. 나의 전임 역시 미 공군의 최신 경험에서 얻은 교훈을 적용해야 한다고 주장했지만, 공식적인 변화가 있기 전 그는 탑건을 떠났다. 해군과 해병대가 앞으로 도약할 수 있도록 필요한 연구를 수행하고 새로운 타임라인을 만들어야 하는 부담이 내게 주어진 것이다.

처음 6개월간 이것은 머더보드 절차의 일부에 포함되었다. 나는 CIA, 미국 항공 우주 정보 센터, 국방 정보국 등 여러 정보기관과 함께 새로운 전술과 일정을 연구하고 다듬었다. 1980년대의 타임라인을 단순화하여 세 개의 개별 타임라인을 하나로 축소하고 몇 가지 새로운 버전을 추가로 만들어 경쟁력을 회복했다. 이 작업의 대부분은 내가 머더보드 심사를 통과했을 때 공식적으로 채택되었다. 그러나 가장 중요한 변화인 극도로 지능적인 위협에 대한 새로운 타임라인 적용 여부는 표준화 위원회 측의 추가 연구가 필요한 관계로 연기되었다.

그날 우리는 표준화 회의 시간에 고급 타임라인을 재검토하고 논의하는 데 전념하기 위해 모였다. 회의를 시작한 훈련 담당자가 발언권을 내게 넘겼다. 여러 페이지를 준비해야 할 만큼 복잡한 주제였기 때문에 나는 슬라이드 쇼를 사용하여 우리 전술에 수정이 필요한 이유와 새로운 타임라인을 적용해야 하는 근거를 상세히 설명했다. 다행히도 머더보드 시간이 아니었기 때문에 필요에 따라 슬라이드를 자유롭게 볼 수 있었다.

브리핑을 시작한 지 채 5분도 지나지 않아 누군가 손을 들어 질문했다. "저는 이해가 안 됩니다." 한 교관이었다. "작년과 비교했을 때 숫자가 왜 그렇게 크게 달라진 겁니까?" 나는 그에게 수학적인 근거를 들며 신형 미사일 때문에 우리 전투기에 가해지는 위협이 어떻게 증가하고 있는지 변화하는 상황을 설명했다.

또 다른 사람이 손을 들었다. 표준화 담당자였다. "잠깐만요. 이 두 숫자와 이전 슬라이드의 세 번째 숫자가 연결되어야 하지 않을까요?" 나는 그렇지 않다고 대답했다. 왜냐하면 그 숫자들은 서로 다른 능력을 가진 두 종류의 전투기를 나타냈기 때문이다. 그는 생각에 잠긴 얼굴로 얼굴을 찡그리며 의자에 등을 기댔다.

나는 이런 방식으로는 안 되겠다는 것을 금방 깨달았다. 교관들의 질문은 계속 이어졌고, 점점 더 상세해졌다. 토끼굴을 내려가다 미로에 갇힌 형국이었다. 과연 이런 식으로 해서 가장 최신의 그리고 진정으로 절실하게 필요한 새로운 타임라인 통과에 필요한 표를 얻을 수 있을지 의문스러웠다. 연단에 서서 격렬한 토론을 듣고 있는데 문득 세 가지 생각이 떠올랐다.

1. 내가 준비한 자료는 틀리지 않았다. 수학적 계산이 이를 증명한다.
2. 계산이 말이 안 되더라도, 그냥 나를 믿어야 한다. 나는 이 분야의 전문가다.
3. 지금 나는 말이 안 되는 생각을 하고 있다.

나는 내가 7개월 동안이나 이 문제에 몰두해 왔다는 사실을 잊고 있었다. 나에게는 분명하고 확실하게 보이는 이 새로운 정보가 오늘 처음 들어본 다른 사람들에게는 그렇지 않았던 것이다. 무엇보다도 지금 내 이야기를 경청하고 있는 이들은 광범위한 영향력을 끼칠 전술적 변화를 발표할 책임자들이다. 그들은 스스로 납득할 수 있을 때까지 내가 내린 가정과 기초 수학에 이의를 제기해야 할 직업적 의무가 있었다. 표준화 위원회 참석자들의 대부분이 나의 제안에 설득될 때까지 그들의 이의 제기는 계속되어야 한다.

한 가지 확실한 것은 나는 나 자신과 탑건의 성공에 필요한 토대를 마련하는 데 실패했다는 사실이었다. 우리는 모두 실질적인 결정을 내리려고 이곳에 모였지만 내가 발표한 정보는 너무도 기술적이어서 한 번의 회의로는 새로운 타임라인 공개 여부에 대한 투표는 고사하고, 모든 참석자의 질문에 충분한 대답조차 할 수 없었다. 명백한 실책이었다.

두 시간 후 모두가 불만족스러운 표정으로 회의실을 떠났다. 이렇게 규모 있는 회의는 좀 더 원활하게 진행되어야 했다. 우리는 낭비할 시간이 없었다. 새로운 타임라인에 대한 다음 회의는 한 달 후에 열릴 예정이었다. 나는 바로 다음 회의를 준비하기 시작했다.

이전에 느낀 것을 토대로 나는 발표 과정에 한 가지 중요한 변화를 주었다. 이후 3주 동안 나는 표준화 위원 10명과 일대일로 만나 새로운 타임라인에 관한 이야기를 나누었고, 연구 중 얻은 새로운 통찰력을 나누며, 무엇보다도 그들의 질문과 우려 사항에 귀를 기울였다. 나는 모든 교관이 각자의 다양한 각도로 시사점을 두고 있다는 것을 금방 깨달았다. 그들의 질문은 매우 간단한 것부터 가장 복잡한 것까지 다양했다.

나는 그들 각각의 관심사도 충분히 조사했다. 하루의 비행 일정을 마친 후에는 한 사람씩 만나 이야기를 듣고 쏟아지는 질문에 기꺼이 응했다. 한 달 동안 나는 표준화 위원회 위원들을 모두 만나 질문에 성실히 대답했다.

두 번째 회의는 전보다 훨씬 원활하게 진행되었다. 마치 내게 응원을 보내는 것처럼 그들은 브리핑 내내 고개를 끄덕여 주었다. 전보다 질문도 훨씬 적었다. 대부분의 질문은 광범위하고 일반적인 것이거나 새로운 타임라인 적용 시 영향을 받을 가능성이 있는 추가적인 전술적 변화에 관한 것이었다. 회의 전 이미 사적으로 만나 충분히 논의한 덕분인지 크게 어려운 질문은 없었다. 나는 한 사람 한 사람을 만나 그들의 고민에 대해 듣고, 대답하고, 서로의 의견을 공유하기도 했다.

나는 이 경험을 통해 **성공을 보장할 수는 없더라도 성공 확률을 최대로 높이기 위해서는 사전 조치가 중요함**을 깨달았다. 팀 내에서의 사전 조치 역시 그러한 단계 중 하나다. 동료(다른 리더)를 설득하는 힘은 발표 능력이 아닌 개인의 기술과 역량에서 나온다.

이 교훈은 내 개인적 삶은 물론 커리어 전반에도 큰 영향을 주었다. 나는 논의가 필요할 때면 일찍부터 담당자를 만나 그들에 대해 알아가고, 그들의 우려 사항과 목표를 이해하기 위해 관계를 쌓아 나갔다. 초기부터 그들의 관점을 이해하고 우려를 예측함으로써 통합된 해결책을 제시하고자 했다. 결과적으로 나의 이러한 노력은 통했다.

예를 들어, 나는 일본 파견 당시 8개 비행대의 지휘관 중 한 명으로서 공식적인 조언을 해야 할 일이 생기면 일찍부터 동료들과 자주 상의하곤 했다. 이것은 매우 중요한 과정이었다. 덕분에 나는 미 해군 예산을 연간 1,500만 달러나 절약할 수 있고, 전투기의 손상이나 마모를 줄일 수 있으며, 더 효과적으로 조종사를 훈련할 방법을 고안해 냈다. 막후에서 다른 지휘관들을 만난 노력 덕분에 내 상사에게 갈 때쯤에는 이미 많은 동료의 지원 속에서 완전히 검토가 끝난 상태의 계획서를 제출할 수 있었다. 이러한 사전 예방적 접근 방식을 통해 나는 변경 사항에 대해 보다 수월하게 승인받을 수 있었다.

또 한 번은 우리 비행대가 일본 항공자위대(일본 공군) 대원들과 공군기지를 공유했던 때였다. 보통 미군과 일본 군인들은 서로의 영역을 넘지 않는다. 하지만 나는 이 틀을 깨고 서로의 비행선과 기지 간 경계를 넘어 미-일 조종사들이 함께 훈련할 수 있는 새로운 협력 프로그램을 만들었다. 수십 년 만에 처음으로 우리는 함께 훈련하고, 친분을 나누며, 비행 임무를 수행했다. 우리는 더 강력한 유대관계를 구축했다. 이 유대관계는 앞으로 미국과 일본이 협력하여 싸우게 될 경우 그 중요성이 더욱 인정될 것이다.

동료를 일찍부터 사귀고 그들과 자주 조율하는 것은 탑건 밖에서도 효과가 있었다. 특히 국방부 근무 시절 내가 매티스 장관의 공보관으로 일할 때가 더욱 그러했다. 그는 사람들에게 무엇을 해야 할지 명령할 수 있었다. 하지만 해군 지휘관인 나에게는 그럴 권한이 없었다. 나는 막후에서 이해관계를 조정하는 일을 했다. 일찍부터 쌓아온 동료 관계 덕분에 2018년 국방 전략과 같은 큰 계획을 작성하고 공시하는 일을 비교적 수월하게 진행할 수 있었다.

사실 국가 전략상의 중대한 변화는 미국 의회의 우려를 불러일으키기 마련이기에 우리는 민주당과 공화당 양쪽의 의원들과 일찍부터 초안을 공유했다. 덕분에 두 가지 효과가 있었다. 첫째, 그들로부터 귀중한 피드백을 받을 수 있었다. 둘째, 우리가 그들의 의견을 반영하지 않더라도 그들의 의견을 묻는 것으로 선의의 관계를 쌓아 나갔다. 마침내 해당 전략이 공개되었고 우리는 드물게도 초당적인 지지를 얻었다.

우리는 살면서 무언가 필요한 것이 있을 때만 비로소 다른 사람에게 손을 내밀고 자신을 소개하는 일이 너무나도 많다. 하지만 그런 식으로 일하면 성공 가능성이 크게 떨어질 수 있다. 별 관심도 없다가 필요한 것이 있을 때만 다가오는 사람에게 누가 쉽게 한 표를 던져 주겠는가? 하루아침에 타인을 내 편으로 만들기란 쉽지 않다. 그러니 이제 그만 안전지대에서 벗어나라.

일찍 그리고 자주 인맥을 쌓아야 한다. 누군가에게 필요한 것을 얻기 위해서가 아니다. 그들에 대해 진정으로 더 알아가기 위해서다. 그들에 대해 알아가고 그들의 우려가 해결되도록 무대 뒤에서 애쓴다면, 직장이든, 지역사회이든, 가족이든 어디서나 놀라운 결과가 수반됨을 머지않아 깨닫게 될 것이다.

"빨리 가려면 혼자 가고, 멀리 가려면 함께 가라"라는 오래된 아프리카 속담이 있다. 시간을 들여 주변의 다른 사람들에게 투자할 때, 그러면서도 아무 대가도 바라지 않을 때 오히려 훨씬 더 많은 것을 이룰 수 있다. 이러한 접근 방식은 시간이 지남에 따라 개인뿐 아니라 팀의 승리를 달성하는 데 필요한 합의와 지원을 확보할 때 반드시 도움이 될 것이다.

최고의 결과를 얻고자 한다면 친구가 필요할 때까지 기다리지 말아야 한다. 적극적으로 나서서 먼저 손을 내밀어라.

★ 2015년 일본 햐쿠리(Hyakuri) 공군 기지에서 일본 항공 자위대 F-4 팬텀 II 비행대와 함께한 타격전투비행대의 장교들(저자는 앞줄 중앙).

에필로그

탑건에서 배운 교훈은 나의 군 생활 중은 물론 제대 후에도 모든 것을 변화시킬 만큼 내게 큰 영향을 주었다. 2018년 가을 나는 미 해군 중령으로 제대했다. 예상과 달리 상황이 갑자기 바뀌는 바람에 나와 우리 가족은 혼란스러운 상황 속에서 힘든 시간을 보내야 했다. 나는 펜타곤에서의 고위직을 제안받았지만 마지막 순간(그리고 인생을 바꿀 만한 결정을 내린 후)에 고사했다. 한 달이라는 시간 동안 나는 새로운 직업을 찾으며 이사를 하고, 새로운 삶의 길을 걸을 준비를 해야 했다. 이때까지만 해도 수년간의 전투기 조종사 생활로 얻은 목 디스크가 생기기 전이었다.

전투기 조종사는 좋은 날에도 예외가 없을 만큼 평소에 스트레스를 많이 받는 편이다. 하지만 나는 이 책에서 나눈 교훈들, 즉 침착함을 유지하고, 문제를 예상하며, 윙맨에게 의지하고, 20년의 경력을 함께해 온 동료들의 우정 어린 지지를 받은 덕분에 스트레스를 빠르게 극복했다. 한 번도 만난 적 없는 사람들조차 내 명성을 믿고, 혹은 나를 추천해 준 사람들을 믿고 나를 지원해 주었다. 그들에게 여전히 감사한 마음이다.

내가 얻은 교훈 덕에 나는 빠르게 다음 항로를 찾을 수 있었다. 은퇴 후 첫해에 회사를 창립했고, 첫 번째 책을 썼으며, 국가 안보 해설자로 방송에 출연했고, 내가 열정을 쏟은여러 비영리 회사의 이사회에 합류했다. 팟캐스트 'Holding the Line'도 시작하여 이 책에서 언급한 교훈을 공개적으로 소개하기도 했다. 이 교훈을 공유한 후 받은 긍정적인 반응을 엮어 나의 두 번째 책을 냈다.

2011년 내가 처음으로 탑건을 떠나 일본에서 가족과 함께 근무했을 때 이 교훈들의 가치는 더욱 큰 빛을 발했다. 그해 3월 11일, 도쿄 인근 아쓰기Atsugi 기지에서 북동쪽으로 약 250마일 떨어진 일본 센다이에서 규모 9.1의 지진이 발생했다. 우리가 있던 지역은 진원지에서 멀리 떨어져 있음에도 불구하고 규모 6.7을 기록했다. 나무와 전봇대가 바람에 갈대처럼 흔들리는 것을 보고 격납고 2층에서 지휘관과 함께 상황의 심각성을 이야기했던 그때를 결코 잊지 못할 것이다. 그 직후 강력한 쓰나미가 일본의 동쪽 해안을 강타했다. 나는 슬픔에 사로잡힌 채 사무실 텔레비전에서 눈을 떼지 못했다. 쓰나미에 의해 인근의 집이 파괴되었고, 후쿠시마 제1원자력 발전소가 심각하게 손상되었다. 6개의 원자로 중 3개는 이후 며칠 사이에 원자로 노심이 녹아내리면서 방사능 구름을 공기 중으로 내뿜으며 폭발했다.

사람들은 당황했다. 핵폭발은 눈에 보이지 않는다. 하지만 그 영향력은 강력하며 실제적이기에 사람들은 생존 모드로 들어갔다. 화장지, 휘발유, 그리고 음식이 빠르게 소진되었다. 일본 전역의 발전소가 오프라인으로 전환되면서 도시

마다 정전 사태를 겪었다. 우리 기지 내 각 가정은 발전소에서 집 쪽으로 바람이 옮겨오면 모든 창문을 닫고 에어컨도 끈 채 집 안에 머물러 있을 것을 지시받았다. 미 국무부가 의뢰한 상업용 항공기가 미군 가족들을 안전한 곳으로 대피시키기 위해 활주로에 대기하고 있었고, 서비스 요원들은 지역 내 다른 기지로 항공기를 비상 대피시켰다. 불확실성 속에서 미군과 가족들은 무엇을 해야 할지조차 확신하지 못했다.

비슷한 상황이 하나 떠오르지 않는가? 2019~2020년 코로나 바이러스 대유행은 후쿠시마의 재앙을 떠오르게 했다. 전염병은 전 세계적인 격리와 사회적 거리두기로 이어졌고, 전 세계 수억 명의 사람들이 재택근무를 하게 만들었다. 또한 보육 시설과 학교도 문을 닫아야 했기 때문에 맞벌이 부모들은 더욱 힘든 시간을 보내야 했다. 대유행이 한창일 때 1,400만 명 이상의 사람들이 실업자가 되었고 고용 시장은 여전히 불확실하다. 수백만 명의 고등학생과 대학생들의 졸업식이 취소되기도 했다. 코로나를 겪으며, 수십 년에 걸쳐 깨달은 나의 교훈이 지극히 개인적인 일뿐 아니라 이러한 자연재

해 속에서도 통한다는 것을 확신하게 되었다. 팬데믹에 대한 대응은 전 세계 지도자들이 전문적이고 윤리적인 지표 아래 나보다 남을 위한 봉사를 우선시하고, 정직한 태도를 고수하며, 압박 속에서도 침착함을 유지하는 것이 얼마나 중요한지를 증명하였다. 고위 지도자들이 바이러스가 걷잡을 수 없이 커지고 나서야 뒤늦게 반응하기보다 문제를 예상하고 확산에 대응할 수 있도록 사전 예방적 조치를 취했더라면 코로나 바이러스의 피해가 줄어들었을지도 모른다.

비록 전 세계적으로 큰 영향력을 끼치는 사람은 극소수이겠지만, 그렇다고 해서 이 책의 교훈이 개인적인 위기에는 무용하다는 뜻은 아니다. 금융 전문가 데이브 램지Dave Ramsey는 "백악관에서 일어나는 일보다 당신의 집에서 일어나는 일이 훨씬 더 중요하다"라고 말했다. 인생에서의 성공은 전적으로 개인의 책임이다.

제복을 벗은 이후에도 내게 큰 영향력을 준 이 책의 교훈은 단순히 살아남는 것뿐 아니라 혼란스러운 환경에 놓인 당신에게도 도움이 될 것이다. 팬데믹 상황에서 현실에 적응하는 일은 여러 면에서 항공모함에서의 생활을 연상시킨다. 요즘은 항공모함 파견 기간이 평균 7개월에서 9개월 정도다. 승조원 4천 5백 명이 군함을 타고 대양을 가로질러 항해하는 동안 한가족이 된다. 걱정하는 가족에게 손을 흔들며 작별인사를 건네고, 항공모함이 증기를 내뿜으며 먼 곳을 향해 출발할 때까지만 해도 설레는 마음이 가득하다. 처음 1~2주는 정신없이 지나간다. 할당된 업무에 집중하며 새로운 환경에 들떠 있느라 자신이 참치 통조림처럼 좁은 공간에 갇혀 있다는 사실도 눈치채지 못할 만큼 말이다.

그러나 한 달이 지나 매일, 매주 같은 작업을 수행하면서 슬슬 생활이 단조롭게 느껴지기 시작한다. 다행스럽게도 나는 매일 하늘로 날아올라 한두 시간 동안 금속 냄새와 시끄러운 소음 속에서 비행할 수 있었던 덕에 운이 좋았다고 생각한다. 3개월로 접어들면 모두가 날카로워진다. 하지만 신기하게도 이 시점이 지나면 비로소 승조원들 사이에서 일명 '행복한 장소 찾기'라 불리는, 장기 파견 생활에 적응하기 시작하는 순간이 찾아온다. 승조원들은 그제야 새로운 관점을 갖기 시작하고, 우정을 쌓아가며, 전체가 생존하는 유일한 방법인 하나의 긴밀한 공동체를 위해 서로 뭉쳐야 한다는 사실을 깨닫는다. 일상의 습관이 형성되고 제2의 천성이 되어 간다. 파견 생활의 장점이 또 하나 있다면 지루한 시간을 때울 수 있는 카드 게임이나 볼만한 영화가 상당하다는 것과 숙고하고, 계획하고, 더 창의적인 인간이 되도록 노력할 시간도 그만큼 충분하다는 것이다.

코로나 바이러스 대유행 당시 우리 모두의 상황도 이와 같았다. 사람들은 집이나 제한된 공간에서 일하며 각자의 '파견' 업무에 착수해야 했다. 새로운 것을 접할 기회도 없었으며, 스트레스 수준도 높아졌고, 모든 사람이 인생 최대의 좌절감을 맛보기도 했다. 하지만 나와 함께 했던 승조원들처럼 사람은 상황에 적응해 가기 마련이다. 불확실한 미래 앞에서 문제를 예측해 보는 것은 이제 내 삶의 방식이 되었다. 온종일 가장 가까이서 지내는 가족은 든든한 유대감 속에서 서로를 돕는 존재다. 펜데믹 상황에서 부모들과 자녀들이 서로에게 적응해 가고, 경우에 따라 부모가 일에 집중할 수 있도록 조부모, 즉 윙맨이 자발적으로 손주를 돌보아 줌으로써 가족 간의 유대가 더욱 단단해지기도 한다. 한편 다행스럽게도 요즘은 온라인이나 전화로 많은 일을 처리할 수 있기에 바로 내일 혹은 이번 주의 일정을 계획하는 것이 전보다는 훨씬 쉬워졌다. 일관성은 생산성을 높이며, 좌절감 회복에도 도움이 된다.

효율성이 높은 재택근무를 한다는 것은 많은 기회의 창이 열림을 의미하기도 한다. 하지만 이때 무엇보다 중요한 것은 바로 집중하는 태도다. 이 기회를 최대한 활용해 새로운 기술을 배워야 한다. 친구 및 가족들과 긴 대화의 시간을 가져보라. 또한 개인적으로 선호하는 것이기도 한데, 웹서핑이나 TV 시청으로 아까운 시간을 버리지 말고 종이를 꺼내 자신의 미래를 그려 볼 것을 권한다. 나는 1년 뒤에 어디에 있고 싶은가? 5년, 10년 뒤에는 어떠한가? 먼 미래를 생각하는 것도 개인의 성공을 위한 전략 중 하나다. 일단 구체적인 목표를 정하고 나면, 그것을 위해 달성해야 할 중간 단계를 살피는 것이 훨씬 수월해진다. 5년 안에 석사 학위를 따고 싶다고 가정해 보자. 이를 당신의 장기적인 목표로 삼은 뒤 다음과 같은 몇 가지 질문에 답해 보아라. 나는 무엇을 공부하고 싶은가? 어느 대학에서 공부하고 싶은가? 비용은 얼마나 들까? 이 특별한 꿈을 실현하기 위해서는 또 어떤 것이 필요한가?

자, 이제 정리해 보자. 성공을 가로막고 있는 가장 큰 장애물은 무엇인가? 많은 경우 가장 명백한 문제는 바로 돈이다. 그렇다면 비용이 얼마나 들까? 저축 계획, 장학금 가능성, 회사 지원 또는 학자금 대출 상황은 어떠한가? 얼마나 많은 돈이 필요하고 어디서 나올 것인지 미리 파악해 둔다면 **모든 것이 잘 진행되도록 계획을 세우는 데 도움이 된다.** 이것은 하나의 구체적인 예다. 모든 경우 및 가능한 모든 시나리오에서 장기적인 관점은 현재의 계획을 세우게 하며, 이를 통해 향후 목표를 향해 한 걸음 더 다가갈 수 있다. 우리 대부분은 사느라 바빠 미래에 대해 깊이 생각할 정신적 여유가 없다. 하지만 그럴수록 삶의 속도를 줄이고 자신에게 재투자하는 시간을 가져 보자.

반년간의 파견 생활도 시간이 지나면 어느덧 끝나는 것처럼 역경도 언젠간 끝나기 마련이다. 모든 고난과 스트레스에도 불구하고 어느덧 항공모함이 순항을 끝내고 항구로 돌아오면 승조원들은 많은 경험을 통해 더 강해져 있다. 역경의 시간이 끝날 때쯤 당신은 살아남았을 뿐만 아니라 성공하기 위해 필요한 무언가를 깨닫게 될 것이다. 어떤 상황을 맞닥뜨리든 반드시 기억해야 할 것이 있다. 가치 있는 것은 결코 쉽게 얻을 수 없다는 사실이다. 지역사회, 회사 등 어디에서건 우리의 성공은 아무도 보지 않을 때도 각자가 최선을 다하고자 하는 의지에 달려있다.

다시 한 번 말하지만 아무도 보지 않을 때가 중요하다. 누군가의 최선이 주변에 얼마나 좋은 영향력을 끼칠지 정확히 알 수는 없으나 한 사람의 태도는 반드시 주변에 영향을 끼친다. 나는 그것을 확신한다. 반드시 기억해야 한다. 말보다 행동이 더 많은 것을 전달하는 법이다. 그러니 안전벨트를 매고, 더욱 열심히 일해야 한다. 다른 사람에게 영감을 줄 만큼 좋은 선례를 남기고 적극적으로 나서서 변화를 만드는 삶을 살길 바란다.

추천 도서

평생 학습은 성공적인 인생에 긍정적인 영향을 미친다. 평생 학습에는 독서에 탐닉하는 열정도 포함된다. 규칙적으로 책을 읽으면 시야가 확장되고, 지식의 수준이 높아지며, 타인의 경험과 지식으로부터 배워 나갈 수 있다. 다시 말해 독서는 당신의 꿈을 앞당길 수 있는 가장 좋은 방법이자 널리 입증된 방법이다. 무엇보다 중요한 것은 다독을 통해 다른 이의 실수를 간접 경험함으로써 굳이 경험할 필요 없는 일을 지혜롭게 피해갈 수 있다는 것이다. 이것은 인생의 판도를 절대적으로 바꿀 수 있다.

독서 덕분에 내 인생의 모든 면이 좋은 쪽으로 변했다. 나는 독서를 통해 나의 리더들에게서 얻은 교훈과 지식을 스펀

지처럼 빨아들였다. 누구나 이런 경험을 할 수 있다. 이 자리를 빌려 내가 리더로 성장하고 발전할 수 있도록 내 삶에 큰 변화를 준 책 몇 권을 소개하고자 한다. 다음 책이 내게 영향을 끼친 것처럼 커리어를 쌓아 가는 과정에서 당신에게도 좋은 영향을 끼치길 바란다. 마찬가지로, 당신에게 좋은 영향력을 끼친 책이 있다면 나에게도 소개해 주었으면 한다. 주저 말고 내 트위터 계정(@guysnodgrass)으로 추천하는 책의 이름과 메모를 보내 주길 바란다.

마르쿠스 아우렐리우스의 《명상록The Emperor's Handbook》

데일 카네기의 《적을 친구로 만들어라How to Win Friends and Influence People》

스티븐 코비의 《성공하는 사람들의 7가지 습관The 7 Habits of Highly Effective People》

제프리 J. 폭스의 《How to Become CEO》

말콤 글래드웰의 《다윗과 골리앗David and Goliath》

칩 히스, 댄 히스의 《스틱!Made to Stick》

나폴레온 힐의 《생각하라 그리고 부자가 되어라Think and Grow

Rich》

윌리엄 H. 맥레이븐의《침대부터 정리하라Make Your Bed》

브라이언 트레이시의《목표 그 성취의 기술Goals!》

릭 워렌의《목적이 이끄는 삶The Purpose Driven Life》

잡지나 신문 역시 우리의 지식과 상식을 넓혀 줄 수 있는 무한한 원천이다. 어떤 출처의 뉴스를 선택할지는 개인의 자유지만 한 가지 조언을 건넨다면 이념적 스펙트럼을 뛰어넘어 자신의 세계관에 도전해 보기를 권한다. 오늘날에는 고도로 양극화된 환경이 국가에 엄청난 내분을 야기하고 있다. 이러한 양극화는 사람들이 자신의 신념에 더욱 확신을 주는 출처의 글만 읽음으로써 더욱 악화된다. 그러므로 우리는 다양한 출처의 글을 읽어 시야를 넓힐 필요가 있다. 뉴욕 타임스와 월스트리트 저널, CNN, 폭스 뉴스 등 다양한 출처의 뉴스를 접해야 한다. 또한 BBC나 이코노미스트와 같은 국제 정보원에도 귀를 기울이길 바란다. 이를 통해 다른 사람들의 눈에 세상이 어떻게 비치는지 이해할 수 있다. 주변을 바라보고 이해하는 관점과 시야가 넓어질 뿐만 아니라 한 가지

불변의 사실, 즉 모든 사람이 세상을 똑같은 방식으로 보지 않는다는 점을 깨닫고 타인에 대한 더 넓은 관용의 자세를 갖게 될 것이다. 다른 사람의 신념을 이해하고 수용하면서도 자신의 신념을 표현할 수 있는 자세는 성공을 위한 강력한 도구이다!

감사의 말

내 경력 기간의 모든 의미 있는 성과는 가족과 친구들의 무한한 지원이 없었다면 거두지 못했을 것들이다. 주변의 강력한 지원은 혼자 힘으로는 꿈도 못 꿀 수준까지 도달할 수 있도록 능력을 끌어올려 주는 확실한 수단임을 다시 한번 통감하게 된다.

감사하게도 내게는 이 책을 쓰는 동안 추가적인 조사 내용과 인사이트, 피드백을 기꺼이 제공해 준 조력자들이 있었다. 전前 미 해군 중령으로 탑건의 동료 교관이자 늘 영감을 주는 〈파이터 파일럿Fighter Pilot〉 팟캐스트의 진행자 빈센트 '젤로' 에일로는 꼼꼼한 팩트 체크를 통해 내용이 주제에서 벗어나지 않도록 도움을 주었다. 그 덕분에 내 이야기를 정확하고 확실하게 전달할 수 있었다. 균형 잡힌 시각으로 조언해 준 프레드 레인보우, 리 스노드그라스, 베로니카 오버맨, 스티브 코헨에게도 감사를 표한다.

나의 아내 사라와 어머니 셰리에게도 감사하다. 두 사람은 이 책이 세상에 나오기까지 거쳐 온 모든 과정에서 솔직한 피드백을 주었고 이 책에 쓰인 글 한 자 한 자를 몇 번이고 기꺼이 읽어 주었다.

2013년에 세상을 떠난 나의 아버지, 마빈 스노드그라스에게 이 책을 바친다. 내가 기억하는 한 아주 어린시절부터 아버지는 목적 있는 삶을 살라고 단호하게 가르치셨다. 나보다 다른 이를 우선시하고, 늘 진실된 방향을 가리키는 윤리적 나침반을 가슴에 품고 살며, 언제나 이전보다 나은 상태로 나아가야 한다는 아버지의 가르침은 다른 모든 교훈의 토대가 되었다. 아버지는 항상 우리가 가진 가장 귀중한 자원은 바로 시간이라고 말씀하셨다. 시간은 더 가질 수도 없고,

한번 흘러가면 다시 돌이킬 수도 없다. 나는 그 말씀을 언제까지나 깊이 새기고 살아갈 것이다.

마지막으로 군의 전우들에게 함께 복무할 수 있어서 영광이었다는 말을 전하며, 민주주의를 더욱 활기차고 회복 탄력적으로 만드는 가치들을 꾸준히 상기시켜 주는 데에 감사를 표한다. 나 자신보다 봉사 정신을 더 중요하게 생각하는 애국자들이야말로 국가에 없어서는 안 될 존재들이다.

탑건 리더의 법칙

세계 최상위 파일럿의 10가지 리더십 트레이닝

발행일 2024년 2월 9일
발행처 현익출판
발행인 현호영
지은이 가이 스노드그라스
옮긴이 명선혜
편 집 황현아
디자인 유어텍스트
주 소 서울특별시 마포구 백범로 35, 서강대학교 곤자가홀 1층
팩 스 070.8224.4322

ISBN 979-11-93217-34-4

TOPGUN'S TOP 10: Leadership Lessons from the Cockpit

• 현익출판은 유엑스리뷰의 교양 및 실용 분야 단행본 브랜드입니다.
• 잘못 만든 책은 구입하신 서점에서 바꿔 드립니다.

좋은 아이디어와 제안이 있으시면 출판을 통해 가치를 나누시길 바랍니다.
투고 및 제안 : uxreview@doowonart.com